O DISCURSO DO AVESSO
para a crítica da geografia que se ensina

Conselho Acadêmico
Ataliba Teixeira de Castilho
Carlos Eduardo Lins da Silva
José Luiz Fiorin
Magda Soares
Pedro Paulo Funari
Rosângela Doin de Almeida
Tania Regina de Luca

Proibida a reprodução total ou parcial em qualquer mídia
sem a autorização escrita da editora.
Os infratores estão sujeitos às penas da lei.

A Editora não é responsável pelo conteúdo da Obra,
com o qual não necessariamente concorda. O Autor conhece os fatos narrados,
pelos quais é responsável, assim como se responsabiliza pelos juízos emitidos.

Consulte nosso catálogo completo e últimos lançamentos em **www.editoracontexto.com.br**.

Ruy Moreira

O DISCURSO DO AVESSO
para a crítica da geografia que se ensina

Copyright © 2014 do Autor

Todos os direitos desta edição reservados à
Editora Contexto (Editora Pinsky Ltda.)

Foto de capa
Jaime Pinsky

Montagem de capa e diagramação
Gustavo S. Vilas Boas

Preparação de textos
Daniela Marini Iwamoto

Revisão
Raquel Alves Taveira

Dados Internacionais de Catalogação na Publicação (CIP)
(Câmara Brasileira do Livro, SP, Brasil)

Moreira, Ruy
    O discurso do avesso : para a crítica da geografia que se ensina /
Ruy Moreira. – São Paulo : Contexto, 2014.

    ISBN 978-85-7244-859-8

    1. Geografia 2. Geografia – Metodologia I. Título.

14-04118   CDD-910.01
            Índice para catálogo sistemático:
            1. Geografia : Teoria   910.01

2014

EDITORA CONTEXTO
Diretor editorial: *Jaime Pinsky*

Rua Dr. José Elias, 520 – Alto da Lapa
05083-030 – São Paulo – SP
PABX: (11) 3832 5838
contexto@editoracontexto.com.br
www.editoracontexto.com.br

A influência dos princípios teóricos sobre a vida real é fruto mais da crítica que da doutrina, porque, como a crítica é uma aplicação da verdade abstrata a acontecimentos reais, ela não só traz esta verdade para mais próximo da vida, como também, com a constante repetição da sua explicação, acostuma o entendimento a tais verdades. Achamos, por isso, necessário fixar o ponto de vista da crítica próximo ao da teoria.

Carl von Clausewitz
(*Da guerra*)

SUMÁRIO

Apresentação 11

Como pensamos 13
    A trajetória das definições 13
        A ciência da descrição da paisagem 14
        A ciência do estudo da relação homem-meio 15
        A ciência do estudo da organização do espaço 18
    O homem atópico, a natureza ausente e o pensamento fragmentário 22
        O homem e a natureza dessitualizados 22
        O homem atópico 23
        A totalidade em cacos 24
        A entropia negativa 25
        A natureza opacificada 27
        O método-colagem 29
        Um homem e uma natureza presente-ausentes 30
    A fraqueza e potência do entendimento 30
        Uma ciência da forma, mas sem conteúdo 31
        Uma representação da forma, mas para domínio da leitura técnica 33
        Uma imagem opaca, mas intuitivamente fotográfica 34
        Uma ciência do real, mas limitada ao visual da aparência 35
        Uma ciência da relação, mas sem unidade orgânica 36
        Uma ciência da visualização do invisível,
            mas sem a explicitude do par teoria-método 37
        Uma intenção explicativa, mas presa à descrição 37
        Uma ciência com problemas, mas sem questões 38
        Uma ciência de síntese, mas perdida na força dessa potência 39

As três ordens e as três partes estruturais
do pensamento clássico..45
  O sítio..46
  A posição-situação...48
  A estrutura N-H-E..50

O arquétipo e as tessituras do N-H-E..57
  O arquétipo estraboniano-ptolomaico..57
  O arquétipo e o paradigma N-H-E...60
    Os primeiros questionamentos...63
    O acamamento e a fragmentação..66
  A reação antifragmentária...76

A Geografia moderna e os vetores institucionais de sua origem......81
  As sociedades de geografia..82
  A Geografia como profissão...84
  A origem da Geografia que se faz e se ensina...90

A Geografia que se faz e se ensina no brasil.................................95
  A literatura universitária e da geografia aplicada...................................95
  O livro didático..97
    A fase do formato clássico..97
    A fase da transição..100
    A fase das inovações..102
  Um balanço ontoepistemológico...109

O mundo da Geografia que se ensina..115
  A geografia do mundo como geografia regional...................................115
  As formas de mundo da Geografia que se ensina..................................116
    A geografia dos continentes...116
    A geografia do mundo tríplice..118
    A geografia do mundo em rede...120
  Os problemas do modelo N-H-E nas realidades efetivas.......................121

O Brasil da Geografia que se ensina...123
  O Brasil do livro didático...123
    O painel introdutório ou a soma e o resto..124
    O estudo da natureza...126
    O estudo da população..127
    O estudo da economia..129
    Ordenando o armário-Brasil...129
    Fechando o armário...130

O traço-chave do olhar 130
  O processo do método 130
  A ideologia do Brasil que se ensina 131
A espacialidade diferencial 131
  A cidade e o campo 132
    A vertente urbana 132
    A vertente rural 137
    A relação cidade-campo 140
  A totalidade homem-meio 141
    A terra e o homem 142
    O homem e a terra 146
    A ruptura ecológico-territorial 148
  A espacialização industrial 150

As tendências da Geografia universitária e da Geografia escolar .. 151
  Os ciclos de interação 151
  As especificidades e as estruturações 153
  As tendências em curso 154

Para o avesso do avesso 161
  O retrospecto ontoepistemológico 161
    As direções da práxis 162
    As formas históricas do discurso 162
    A crítica ideológico-epistêmica 164
    A linguagem conceitual 165
    O lugar da mediação 167
    O homem e a natureza 168
    A relação homem-natureza como troca metabólica do trabalho 169
    A relação homem-meio é espaço... 171
    ... e o espaço é relação homem-meio 171
  A estrutura analítica: o lugar estruturante do arranjo 172
  Um contraponto de leitura 179

Bibliografia 185

O autor 189

APRESENTAÇÃO

Universidade e escola interagem através do que ensinam. Essa interação nunca é linear e unilateral. Sempre é uma relação de troca de experiências de domínio do pensamento que ora vai da universidade para a escola, ora da escola para a universidade, diferentemente de como pensamos. São instituições de ensino que nunca estão em relação sozinhas, sempre havendo junto e ao lado delas outras instituições vinculadas ao mesmo mundo intelectual e do saber. No contexto europeu eram as sociedades de geografia. No Brasil os institutos de geografia aplicada, como o IBGE.

O elo essencial dessa interação é a relação de reciprocidade de espelho existente entre o currículo universitário e a grade do conteúdo programático escolar. E o exemplo mais claro é a distribuição das disciplinas do fluxograma curricular e do conteúdo programático das séries do ensino fundamental 2.

As disciplinas dos primeiros semestres, correspondentes à geografia física e à geografia humana setoriais do fluxograma, se reproduzem no conteúdo programático do 6º ano do ensino fundamental e as disciplinas do meio e terminais, correspondentes às geografias regionais do mundo e do Brasil (ou do mundo e do Brasil vistos como geografias regionais na escala do planeta), formam o conteúdo dos demais anos, o 7º dedicado ao Brasil e os 8º e 9º anos aos continentes e países do mundo. É o modelo de ensino criado nos institucionais europeus, da França e da Alemanha principalmente, transformado no sistema de ensino brasileiro.

É essa interação universidade-escola centrada no combinado de currículo e grade a correia de transmissão do pensamento na sociedade mais ampla, a universidade e a escola ganhando uma expressão de elos do circuito da vida cultural contemporânea que não se conhecia nas fases passadas da história intelectual.

O tema deste livro é o modo como o pensamento geográfico expressa e ao mesmo tempo configura essa relação de interação universidade-escola feita ao redor do troca-troca de experiência curricular e gradil, e o papel dessas instituições de sujeitos intelectuais da Geografia no Brasil e no mundo.

Para tanto, o livro foi dividido em nove capítulos. O primeiro analisa o contexto das ideias geográficas atuais; o segundo, os fundamentos dessas ideias; o terceiro, sua estrutura tradicional; o quarto, o papel originário das sociedades de geografia e das universidades; o quinto, as instituições e manuais de ensino no Brasil (particularizando o livro didático); o sexto, como esse quadro monta o conteúdo programático e a visão de mundo da geografia que se ensina; o sétimo, o Brasil da geografia que se ensina; o oitavo, a tendência do sistema universitário escolar no Brasil; e o nono, por fim, faz o balanço retrospectivo-projetivo da ciência e do ensino geográfico.

É uma chamada à reflexão, como os que anteriormente publicamos pela Contexto – a eles, por isso mesmo, sempre recorrendo como fonte bibliográfica – sobre a força e a responsabilidade do ensino de um saber que hoje se põe entre os que mais problematizam o mundo confuso, mas nitidamente em mudança, em que vivemos.

COMO PENSAMOS

A Geografia já foi definida como o estudo descritivo da paisagem, o estudo da relação homem-meio e o estudo da organização do espaço pelo homem. É apresentada hoje como a ciência que sintetiza o mundo a partir do espaço global, assim como no passado o era como a ciência de sua leitura a partir da descrição das paisagens locais.

Caracterizam-na, assim, o enfoque da paisagem, do meio ambiente e do espaço tanto como categorias-chaves isoladas quanto como categorias combinadas num só espectro de corpo teórico. E, para muitos, também uma indisfarçada dificuldade de falar seja do homem, seja da natureza mesmo que empiricamente.

Seja como for, é sobre essa base ontoepistemológica que ela vem sendo erguida desde os tempos através das universidades e das escolas, a que não faltaram os escritórios de pesquisa e de planejamento em sua face de geografia aplicada.

A TRAJETÓRIA DAS DEFINIÇÕES

A trajetória do saber geográfico vem dos séculos I e II de nossa era, quando no primeiro século foi criada por Estrabão e ao segundo, por Claudio Ptolomeu. Em Estrabão o foco é a superfície terrestre e em Ptolomeu, a Terra no universo, vindo daí o embrião de todas as definições. A partir deles, ao longo do tempo, cada definição expressa a escolha de uma categoria por objeto, aqui a paisagem, ali a relação homem-meio e acolá a organização espacial como base da construção discursiva, de modo que cada definição demarca um período da história do pensamento geográfico.

A ciência da descrição da paisagem

A Geografia nasceu, assim, na antiga Grécia, e sob dupla modalidade. Com Estrabão é a descrição direta da paisagem, a modalidade da leitura da superfície terrestre vista em sua escala horizontal. Com Ptolomeu é essa mesma descrição da paisagem, mas na perspectiva da escala vertical da superfície terrestre. É a mesma ideia de Geografia, mas com enfoque e escala de olhar distintos. Em Estrabão, a Geografia é uma forma de olhar que flagra o mundo no modo como este é visto através da imensa diversidade de paisagens que expressam a multiplicidade de modos de vida dos homens na superfície da Terra. Em Ptolomeu, é uma forma de olhar que flagra esse mesmo mundo, mas no modo como o todo do universo verticalmente se projeta em paisagens na superfície do planeta, as paisagens expressando em sua diversidade de formas a complexidade cósmica das relações da Terra com o universo. E essa forma dupla vai existir até o século XVII, quando intervém Bernhard Varenius (Moreira, 2006).

Nesse longo período, entretanto, variará o modo como esses modos de enfoque são traduzidos em teoria e atividade prática. Nos séculos I, com Estrabão, e II, com Ptolomeu, a prática geográfica é uma forma de inventariação de informações sobre territórios e povos a partir da observação do significado de suas paisagens. Com Estrabão, o objetivo é mostrar pela diversidade da superfície terrestre o mundo como um todo formado pela diferença, cada povo tendo uma identidade que lhe é distintiva e própria, independentemente do modo como sua vida momentaneamente esteja em seu estado de organização territorial, como era a Grécia independente do tempo de Homero e é agora enquanto um pedaço subalternizado do Império Romano de Estrabão. Com Ptolomeu, o objetivo é inventariar, informar e orientar através do registro cartográfico e dos relatos precisos de viajantes, mercadores e Estados em sua relações com povos e territórios.

No século XVII essa concepção e seu duplo enfoque ganham um novo formato. O mundo vive uma grande transformação e a Geografia deve acompanhá-la, ajustando-se ao novo tempo. É Varenius quem vai atualizá-la, casando num só discurso a leitura horizontal de Estrabão e a vertical de Ptolomeu. As grandes descobertas e navegações acrescentam novos territórios e povos ao conhecimento da superfície terrestre e a substituição do geocentrismo pelo heliocentrismo dá um novo traçado ao conhecimento da organização do universo, essas novas componentes tendo de ser trazidas para dentro da teorização geográfica do mundo. Varenius atualiza a leitura vertical da *Cosmografia* de Ptolomeu, para quem o geocentrismo tinha um valor sobretudo cartográfico, favorecendo visualizar uma rede de linhas imaginárias descendo da esfera celeste para projetar-se na superfície da esfera terrestre que dele faz um dos criadores da Cartografia. Mas valor também cosmológico, usando da teoria do equilíbrio de proporções matemáticas do mundo de Pitágoras e de organização concêntrica e de mutação do mundo sublunar e imutabilidade do supralunar de Aristóteles – que leva sua teoria cosmográfica a ficar conhecida como aristotélico-ptolomaica – como sua teoria do conteúdo do cosmos. Varenius atualiza essa teorização ptolomaica nos termos da Astronomia heliocêntrica de Copérnico e da teoria físico-espacial dos movimentos corpóreos de Newton e Descartes. E atualiza igualmente a leitura horizontal da *Geographia* de Estrabão, trazendo-a também para sua contemporaneidade, incorporando de um lado o novo mundo vindo das grandes navegações e descobertas, já antes cartograficamente representado no Planisfério de Gerhard Kremer Mercator, em 1569, e de outro a nova percepção de espaço-tempo advinda dos conhecimentos criados pela viagem de circum-navegação de Fernão de Magalhães. Atualizando e reunindo Estrabão e Ptolomeu numa só teorização, seu *Geographia generalis* lança ao lado do Planisfério de Mercator as bases do modo de ver o mundo da modernidade.

A ciência do estudo da relação homem-meio

A partir dos séculos XVIII e XIX a atenção do geógrafo se desloca do plano da descrição da paisagem para o do estudo da relação homem-meio. Immanuel Kant é a grande transição. E Alexander von Humboldt e Carl Ritter os seus criadores.

Discordando do *Sistema da natureza* de Lineus, para quem é o combinado de semelhança-diferença o critério de classificação de plantas e animais no planeta, Kant substitui a ordem lógica deste pela empírica dos nichos geográficos, fazendo da superfície terrestre o fundamento da toda taxonomia e trazendo o sistema das ciências para o campo da linguagem e dos critérios de configuração geográfica. O mesmo faz com a taxonomia do homem de Buffon, que neste mesmo momento é objeto de grande atenção que em breve resultará nos estudos das diferentes formas de cultura dos povos da superfície terrestre. E tudo se junta no critério geográfico, numa reafirmação da ótica estraboniana do primado gnoseológico da paisagem sobre os fenômenos. É assim que, com Kant, homem e natureza são levados a se pôr no quadro comum da coabitação da superfície terrestre, instrumentados na visão da teorização geográfica.

São Ritter e Humboldt, no entanto, os teóricos que vão sistematizar a Geografia nos novos termos modernos, trazendo Kant para dentro do fundamento estrabonianoptolomaico e já nos termos atualizados de Varenius, e sobre essa base vêm a dar o formato de ciência moderna com que ela vai aparecer. Todavia, Ritter e Humboldt dão-lhe por concepção de conteúdo a visão de mundo do romantismo filosófico em que homem e natureza são flagrados no seu entrelace ontológico, não da filosofia iluminista de Kant. Ambos partem da reafirmação kantiana da superfície terrestre como o grande campo de ocorrência dos fenômenos e do interesse geográfico, mas Ritter ao jeito da horizontalidade de Estrabão e Humboldt da verticalidade de Ptolomeu, ambos lendo-a à luz da filosofia da natureza de Schelling.

O desafio de Ritter é formular a tese de Kant dos nichos reais da superfície terrestre como critério de classificação dos sistemas da interação homem-natureza como um discurso geográfico sistemático, mas considerando esses nichos à luz da temática estraboniana de sistemas de paisagens, as paisagens sendo esses nichos, ao mesmo tempo em que expressões dos modos de vida dos povos segundo os diferentes lugares da superfície terrestre. Para tanto, nomina as paisagens de recortes de espaço e o conjunto das paisagens-recortes, de corografia, voltando sua atenção sistemática para a formulação teórico-metodológica do mosaico assim formado. Seu objetivo é determinar o estatuto de identidade-diferença espacial de cada recorte de paisagem, definindo cada qual como uma individualidade regional no mosaico corográfico da superfície terrestre. O método usado é o da comparação dos recortes paisagísticos por semelhanças e diferenças dos seus componentes, extraindo da síntese do que têm de comum e de específico o caráter de individualidade que identifica e distingue cada pedaço de recorte dentro do todo corográfico. É assim que surge a teoria que ele próprio designa de geografia comparada.

Humboldt toma o método de Ritter e sua geografia comparativa como pressuposto, buscando, todavia, nas relações para baixo e para cima da vegetação – para baixo no sentido interativo com a base inorgânica do substrato e para cima no sentido interativo com as formas de vida em que se inclui o homem –, e não do recorte espacial, o elo constitutivo da integração da totalidade dos fenômenos, daí partindo para o plano taxonômico e sistemático das paisagens da superfície terrestre. O quadro cósmico da verticalidade ptolomaica lhe é assim mais apropriado. E é dessa inspiração ptolomaica que vai tirar a designação do seu *Cosmos*, o livro em cinco volumes em que desenvolve a teoria geográfica que irá denominar de geografia das plantas.

Homem e meio formam, assim, o conteúdo e a substância da teoria geográfica que em ambos surge, uma teoria que corresponde ao espírito da época em sua busca da compreensão e mapeamento da diversidade geográfica de um mundo ampliado, ao tempo que do conhecimento analítico de uma superfície terrestre que desde o século XVI é domínio europeu, mas que este tem nesse momento dos séculos XVIII e XIX que organizar de um modo novo, fruto da demanda de uma sociedade europeia agora construída no parâmetro técnico e de mercado da Revolução Industrial, não mais lhe satisfazendo apenas descrever e mapear, mas ocupar economicamente.

Daí que o que se compreende por homem e meio, bem como pelo caráter de suas recíprocas relações, não mais é deixado no terreno do registro científico do vai-vem político-ideológico da exploração colonial. Há que mapear os povos por seus valores culturais, compreendê-los por seus fundamentos naturais para com eles relacionar-se de modo econômico mais intercambiante.

É sob esse formato de teoria e conceito que a Geografia chega e se desenvolve nesse período, na forma clássica que lhe vão dar Elisée Reclus, Paul Vidal La Blache e Friedrich Ratzel, além de Jean Brunhes, criadores na esteira de Ritter e Humboldt da geografia da civilização (Moreira, 2008).

As grandes civilizações começam, para Vidal, sua formação em pequenos grupos em pequenas áreas-laboratórios localizadas nas áreas de encostas, clima semiárido, solos rasos e de pouca disponibilidade de água das cordilheiras cortadas pelo paralelo de 40° do hemisfério norte, na linha de recuo das geleiras da glaciação quaternária. Indo para essas áreas, esses pequenos grupos humanos se resguardam da disputa das terras ricas em condições de vida – áreas anfíbias, das planícies dos grandes rios, onde a mesa está posta, e, por isso mesmo, procuradas pelos animais de grande porte. E aí se localizam, vivendo suas primeiras experiências de lida com o meio natural e extração dele com seu árduo trabalho dos meios de vida de que necessitam. Com o tempo, a habilidade e os recursos técnicos criados através do acúmulo dessa experiência ambiental, sentem-se em condição de descer e disputar as áreas anfíbias, nascendo dessa combinação de aprendizado do trato ambiental das áreas-laboratórios e das áreas anfíbias, às quais Vidal chama de oficinas de civilização, as culturas que vão originar em cada grande vale fluvial sua respectiva forma de civilização, de onde a humanidade vai espalhar-se para levar o povoamento à atual arquitetura da distribuição humana da superfície terrestre.

Também para Ratzel a humanidade forma suas civilizações a partir de pequenos nichos de relação integral de homem e meio, o homem movendo-se em coabitação com o quadro integral do lugar escolhido para viver, mudando e remodelando o meio segundo seus interesses de modo de vida. Aí faz sua passagem de espécie para gênero, organiza o todo do seu espaço vital, que Ratzel chama seu solo, cria sua cultura e, sobre essa base, sua civilização, num processo de antropogeografia.

Igualmente desse quadro preliminar nascem as formas de civilização para Reclus, os homens travando desde o começo de sua relação com o meio um modo de convívio comunitário que espelha a forma das relações que vivem entre si. As civilizações surgem assim, antes de tudo, como comunidades humanas em que a riqueza é produzida e compartilhada por todos. Daí o estado cultural do homem como a natureza consciente de si mesma, num traço de civilização que forma a base do caráter de todos os níveis do seu modo de vida.

Brunhes também vê as formações humanas brotando seminalmente da relação homem-meio, daí evoluindo para ganhar complexidade. A planta, diz, persegue a água e o homem persegue a água, nascendo do encontro homem-planta-água e da sobreposição de cartografias que daí resulta a base de constituição do habitat humano. Daí saem e erguem-se as casas e os caminhos, as cidades, as manchas de cultivo e criação e as indústrias, localizadas de entremeio às manchas, e as cidades, que as vias de comunicação e as trocas vão unir no conjunto de espaço que é o habitat.

A ciência do estudo da organização do espaço

Brunhes é a transição para a fase do estudo da organização do espaço. Pertencente ainda à fase do estudo da relação homem-meio, Brunhes não se limita a ver o mundo como uma relação do homem com o seu meio a partir dos traços da paisagem, mas de compreender a própria arrumação visual desses traços na forma do arranjo do espaço que está no substrato de sua organização, designando de habitat o conjunto estrutural de paisagem e espaço que daí resulta.

É um modo de enfoque que tem seu embrião em Kant. Ao conceber o nicho geográfico como o lugar real de existência e identificação de plantas, animais e do homem, distintos em seus modos de ser e suas características pelas formas de organização da vida segundo seus lugares, Kant introduziu uma componente de abstração na empiria, dando à superfície terrestre o caráter de um todo de organização geográfica a que chama espaço terrestre, assim forjando o duplo de paisagem e espaço que vai aflorar em Brunhes. Já com Reclus a categoria do espaço ganhou realce num combinado espaço-tempo que o levou a conceber a Geografia como um estudo espacial das comunidades num movimento da história, dizendo da história ser a geografia no tempo e da geografia, a história no espaço. Em Ratzel o espaço aparece de modo menos expressivo. E em Vidal, de modo matizado. Portanto, Brunhes é o estuário desse passo de quadro conceitual e linguístico, mas também o momento em que paisagem e espaço emergem como categorias ao mesmo tempo em que entre si se autonomizam dentro do discurso da relação homem-meio.

Combinando o olhar paisagístico e o espacial da relação homem-meio, sua teorização vai exprimir uma espécie de momento de passagem para a nova fase que está vindo. Por baixo da paisagem ele vê o modo de arranjo do espaço, arranjo que o homem irá transformar em um habitat humanizado, recriando nessa transmutação a forma da relação homem-meio.

A rigor com ele vem o que se pode ver como a penúltima tentativa, a última vinda com Sorre e Sauer, de manter a Geografia como um discurso de integralidade frente à avalanche fragmentária que desde a virada dos séculos XIX e XX pulveriza o sistema das ciências em um mundo de formas de conhecimento fechadas e dissociadas entre si e cujo ponto de virada é a separação neokantiana do conhecimento em ciências naturais e ciências humanas. E que se anuncia na Geografia na emancipação-autonomização da paisagem e do espaço.

Já com Vidal fora tentada essa permanência da visão integralizada na forma da geografia regional, um discurso que nele faz duplo com a geografia da civilização. A geografia da civilização é um discurso típico de integralidade ao assentar o estudo da relação homem-meio no conceito integralizado do gênero de vida. Já a geografia

COMO PENSAMOS

regional é uma tentativa de conciliação de integralização-fragmentação ao reunir na unidade sintética da região os elementos setoriais do quadro físico e humano.

Tal já então não é mais possível. A região é já um discurso de espaço. Mas é das próprias entranhas do vidalismo que nasce a fragmentação, quando Emannuel De Martonne cria a Geografia Física, através de seu clássico *Tratado de geografia física*, de 1910, e Brunhes, a Geografia Humana, através de seu livro *Geografia humana*, de 1919, cuja decorrência é a tripartição da Geografia em Física, Humana e Regional. A solução vai ter de aparecer então na forma pós-vidaliana da conceitualização da Geografia Física e da Geografia Humana como formas de Geografia Sistemática, isto é, as partes dedicadas à descoberta das leis gerais da Geografia – por isso também designada de Geografia Geral – que, ao ser aplicadas aos estudos monográficos da Geografia Regional, convergem e se sintetizam na unidade espacial da região. Uma solução que vem do resgate do geral e do especial do discurso teórico de Varenius, mas que ao invés de evitar, ao contrário, antes precipita e legitima a pulverização fragmentária na divisão agora tanto da Geografia Física quanto da Geografia numa infinidade de geografias setoriais.

São tentativas que têm sobrevida em Sorre e Sauer. Sorre através da geografia ecológica e Sauer, da geografia cultural. No fundo duas modalidades de visão que ao fim e ao cabo irão pavimentar a divisão brunhiana das categorias da paisagem e do espaço como as faces geográficas da relação homem-meio, preparando-as para a bifurcação que terão ao desembocar a paisagem no discurso ambiental de Tricart e o espaço no discurso da organização espacial da sociedade de George, respectivamente.

É quando a fragmentação se precipita no horizonte sem limite que leva a ambiguidade de integralização-fragmentação dos clássicos a ser suprimida e cada campo setorial a ter de ir buscar no âmbito das ciências da fronteira imediata – como a Geomorfologia na Geologia, a Climatologia na Meteorologia, a Geografia Urbana na Arquitetura e na Sociologia Urbana, a Geografia Agrária na Agronomia e na Sociologia Agrária – ou nas pontes internas que os unem como campos setoriais – como o sítio na relação da Geomorfologia e da Geografia Urbana, a fitoestasia na relação da Geomorfologia e da Biogeografia e o mercado na relação da Geografia Agrária e da Geografia Industrial –, o campo de visão de totalidade que lhes ficou faltando. Contradição que alguns geógrafos setoriais tentam superar olhando a totalidade entrecruzada das geografias sistemáticas sempre a partir do seu campo singular, não do campo unitário da região, de onde logra integrar a visão de totalidade sem a qual não pode haver trabalho efetivamente científico em Geografia. É o caso justamente de Tricart e George, discípulos diretos de Brunhes.

Tricart é um geógrafo setorial que caminha para a integralidade partindo da Geomorfologia, tomando como ponte o conceito de paisagem de Brunhes.

O DISCURSO DO AVESSO

Indo do seu campo para o todo e trazendo o todo para seu campo, nesse passo cria um sistema de classificação de tipos de meio ambiente em torno da ideia da integralidade da paisagem. O ponto de partida é o relevo visto já em si como um combinado de chão geológico e teto climatológico, a forma de relevo expressando como síntese as tendências opostas de um chão geológico de onde, por dobramentos, emergem as elevações e os desnivelamentos do terreno, e de um teto climatológico que tudo desbasta e converte em formações rebaixadas e aplainadas, num discurso dialético de forças internas *versus* forças externas do modelado terrestre. Esse chão é também, por seu aspecto altimétrico-topográfico, a base espacial sobre, a partir e em função da qual os tipos de meio ambiente edificam também o seu arranjo. A essa integralidade de geologia e clima se acrescenta a vegetação, tendo na relação para baixo com a base pedogeológico-geomorfológica (cadeia fotossintética) e para cima com o nível da superestrutura ecossociossistêmica (cadeia trófica) o elo de integração e regulação (fitoestasia) através do qual se dá o equilíbrio global que é necessário ao todo do meio. Daí advém uma outra taxonomia, que classifica os tipos de meio de acordo com o nível de escala, reunindo, por uma ordem de grandeza territorial que vai do nível local ao mais extenso, o geótopo, o geofácies, a região natural, o domínio natural e a zona térmica. Vê-se um claro combinado da teoria da paisagem e do espaço de Brunhes e da teoria holista da geografia das plantas de Humboldt nesse discurso a um só tempo especificamente geomorfológico e universalmente integrado de Tricart. Acresce que age por dentro de todos esses níveis de escala a contradição que se estabelece na base ecotópica entre a morfogênese (processo de erosão-sedimentação) e a pedogênese (processo de formação do solo), forças também de ação contrária, e que igualmente a isostasia controla, permitindo também se poder classificar o meio ambiente segundo seu estado de estabilidade, assim podendo-se ter um meio estável, quando a pedogênese predomina sobre a morfogênese, um meio intergrade, quando pedogênese e morfogênese se equilibram, e um meio instável, quando a morfogênese predomina sobre a pedogênese. A sabedoria humana está em intervir sem desconhecer esses estados do meio, fazendo do uso do papel de equilíbrio regulatório da cobertura vegetal um instrumento de administração do todo, Tricart incluindo a forma de modo de produção da sociedade nessa visão de integralidade instituída sobre a base da especificidade geomorfológica de onde sempre parte.

Já George é um geógrafo urbano, que daí caminha para o todo integrativo, mas a partir do espaço. É assim que para ele as sociedades variam na história justamente por suas formas de organização espacial. Há antes de mais nada as sociedades organizadas e não organizadas espacialmente. Estas são as sociedades da natureza sofrida, aquelas em que a relação do homem com o meio se faz ainda num quadro de ação técnica que pouco modifica a paisagem natural que o homem habita. O alcance de um grau superior de nível técnico leva o homem, entretanto, a alterar e ajustar a paisagem natural ao seu modo, assim nascendo as sociedades de espaço organizado. Estas podem ser sociedades espacialmente organizadas com dominante agrícola e sociedades espacialmente organizadas com dominante industrial, a diferença do grau de evolução da técnica distingue uma e outra. A técnica industrial é, assim, para George, o divisor de águas, dissolvendo a paisagem natural e substituindo-a pelo espaço na organização geográfica global da sociedade.

É com George, pois, que a definição do estudo da organização espacial das sociedades pelo homem se estabelece de modo sistemático. Nele o espaço sai da condição de subalternidade em emparelhamento com a paisagem para se tornar a categoria discursiva por excelência da Geografia, ao ganhar a empiricidade da paisagem o caráter técnico que lhe faltava. O aspecto de categoria abstrata que lhe dera Kant dá lugar agora ao fenomênico da forma de organização histórico-concreta da relação homem-meio que já ensaiara em Reclus, Vidal e Ratzel e adquire mais explicitude em Brunhes, com quem o espaço ganha seu começo de autonomização, via o processo de destruição-produção do habitat humano, um ato de destruir para construir, de onde parte justamente George. Por isso, não podia essa emergência categorial deixar de trazer para dentro do conceito os percalços desse trajeto de curso frequentemente tão enviesado.

Presente como um já dado em Kant, o espaço é por isso mesmo uma categoria a ser preenchida necessariamente pela evidência dos dados empíricos da paisagem. Assim se mantém em Vidal, através do discurso da região, esta aparecendo como o modo de pelo espaço a Geografia Regional unir uma Geografia Física e uma Geografia Humana reciprocamente desgarradas desde dentro da relação homem-meio, a unidade do espaço-região vindo em socorro. A fragmentação, que já aí então tem lugar, vai flagrá-lo neste salto de autonomia, interferindo fortemente em seu percurso. Daí que o que era imperceptível no momento da separação categorial do discurso de Brunhes vai se explicitando como uma dicotomia radical, a paisagem indo articular-se aos componentes empíricos da natureza e o espaço, aos componentes empíricos do homem, gravados nos significados neokantianos respectivamente de natural e artificial que a geografia neokantiana vai consolidar com os nomes de Geografia Física e Geografia Humana.

É assim que em Tricart, malgrado seu discurso de integralidade, paisagem é sinônimo de Geografia Física, e em George espaço é sinônimo de Geografia Humana, paisagem e espaço seguindo o destino recíproco do esvaziamento epistêmico que o discurso fragmentário vai emprestar à totalidade das categorias. Gradativamente a presença da paisagem desaparece no próprio campo da Geografia Física, até apagar-se por completo com o implemento da sua fragmentação setorial. Já o espaço vai no sentido oposto, firmando-se como categoria discursiva, mas ao preço de ficar ilhado dentro do discurso geográfico como conceito exclusivo da geografia humana, até desaparecer igualmente quando esta também irrecorrivelmente se setorializa.

O HOMEM ATÓPICO, A NATUREZA AUSENTE E O PENSAMENTO FRAGMENTÁRIO

Morrem, pois, totalmente a paisagem e o espaço como categorias discursivas. E muda, em consequência, seja o cotejo linguístico, seja o cortejo conceitual da Geografia. As geografias físicas setoriais perdem qualquer parâmetro de ligação unitária entre si mesmas. E as geografias humanas setoriais se pulverizam num espaço-técnico transformado na própria essencialidade do conteúdo real. A epistemologia geográfica vê-se nesse passo esvaziar-se, o todo do discurso se tornando um campo de terminologias soltas, fragmentado num universo léxico de um precipitado semântico sem sintaxe.

O homem e a natureza dessitualizados

As primeiras vítimas são justamente os conceitos de homem e de natureza. Em todas as definições homem e natureza parecem centrar as relações. Embora nem sempre claras no que se designam por tais, há em todas as definições uma certa estrutura discursiva. A paisagem na primeira definição, o meio na segunda e o espaço na terceira são nexos montadores de discurso. Paulatinamente, todavia, essa função vai se perdendo quando os conceitos de homem e de natureza caem na ambiguidade interpretativa de a Geografia ser um discurso fragmentário-integrativo ao mesmo tempo. A paisagem, o meio e o espaço se tornam o tema, não mais o homem e a natureza, e dá-se então um começo de imprecisão conceitual que se radicaliza com a vinda da fragmentação generalizada.

Talvez pela concomitância do surgimento das ciências do homem – a Sociologia, a Antropologia e a Psicologia, particularmente – enquanto produtos da dicotomização neokantiana do sistema de ciências, o esvaziamento ocorre primeiro com o conceito do homem. Este se torna na Geografia um coadjuvante na relação com a paisagem, com o meio e o espaço até se perder como conceito completamente.

Dessa condição de coadjuvância do homem vem por decorrência a da natureza. E a perda completa do próprio sentido de significado dos fenômenos. Como Reclus já antes observara no seu conceito do homem como a natureza consciente de si mesma, a relação de correspondência do sentido de significado do homem e do significado da natureza é o ponto de definição em si mesma do próprio discurso de mundo da Geografia.

Vem daí, em consequência, a falta intrínseca de clareza que então no geral se estabelece, atingindo o conceito de paisagem, do meio e do espaço, que transforma o discurso geográfico na pletora de palavras incompletas que vemos povoar o universo teórico da geografia setorial fragmentada.

Um enorme esforço assim é feito em busca da definição de um centro de referência de entendimento do homem que convenha conceitualmente à geografia clássica. Esta, todavia, ainda se mantém no indesejado estado de vagueza a que se condena. Domina a deplorável flutuação de entendimento. E a sensação reiterada de no fundo sempre se ter que voltar à essencialidade perdida da relação homem-natureza dos fundadores em busca do sentido de tudo.

O homem atópico

Até os anos 1950, quando paisagem e espaço se bifurcam para originar as vertentes opostas de Tricart e George, vigora ainda, em meio à fragmentação generalizada, o discurso integrado da relação homem-meio. Tem-se a impressão da presença construtora do homem. Com a separação, a paisagem vindo a significar uma categoria da geografia física e o espaço, uma categoria da geografia humana, o homem passa a ser entendido como um sujeito-mediação, ponte de passagem entre uma paisagem natural e uma paisagem artificial transformada pela técnica, e daí o conceito quebra-se num estranho itinerário de formas tomadas de empréstimo às ciências humanas vizinhas: é aqui população, tirada do discurso da Demografia; ali habitante, tirado da Antropologia; e acolá trabalho, tirado da Economia. Mutante, vira conceitualmente um ente elástico que passeia na vagueza do impreciso. Não é mais a categoria que se relaciona com a paisagem, o meio ou o espaço dizendo destes o que são, mas, o contrário, estes vindo a dizer o que ela é.

É o que fica claro em George quando este fala da Geografia como, no fundo, um balanço da relação entre as necessidades humanas e o estoque dos recursos naturais. E apresenta o homem como um homem-transformador-da-natureza-por-meio-do-seu-trabalho, um homem que se define por ir ao encontro do meio premido por suas necessidades de subsistência, mas como homem-mediação que se substitui pelo homem-trabalho, dissolvido no homem-consumidor. O homem concreto, assim, desaparece na categoria elástica da população. Não é de surpreender que no mesmo George a relação necessidades-recursos ganhe ao fim o caráter mais dilatado de necessidade de equilíbrio entre estoque esgotável do meio e consumo irrefreável do homem, numa relação homem-meio em que o planejamento estatal, não o homem, vira o homem-sujeito. Diante do homem-população-consumidor-de-elementos-do-meio, a natureza vira meio-fonte-fornecedora-de-bens-de-consumo. É um jogo de prestidigitação. Um ato de mágica, que torna o homem um ser multiplamente presente, mas atópico e desqualificado no que é ele mesmo.

A totalidade em cacos

Partindo do fato de que a ciência é uma leitura empírica do real, cada forma de ciência operando como um campo de conhecimento parcelar, a geografia fragmentária toma por suposto a noção equivocada de que o mundo é um todo formado pela soma de suas partes. Juntar o todo é, portanto, juntar as partes num sistema. Estas partes não têm a mesma origem, surgindo desde o começo como entes individuais, distintos e paralelos. Por se encontrar no mundo uma ao lado da outra numa pura coexistência espacial acabam, por meio do recorte comum de espaço, entrando numa relação de conjunto umas com as outras e, nessa relação vinda de fora, influenciando-se reciprocamente, cada parte evoluindo no convívio por alterações e mudanças sem mudar, entretanto, em sua essencialidade de coisa externa. É isso o que acontece com o homem e a natureza. E a forma de relação que entre eles se trava.

Já entre os clássicos, homem e natureza tendem a aparecer junto ao empenho de se vê-los em suas relações de integralidade como entes distintos que se influenciam e se envolvem numa relação de externalidade. Do que deriva o problema teórico de como explicar essa simultaneidade de relação externa que é também interna dentro do ambiente da paisagem, do meio e do espaço. O problema advém do fato de entender-se a natureza como o todo-do-mundo-natural-excluído-o-homem, e o homem como o todo-do-mundo-humano-excluída-a-natureza, a natureza-sem-o-homem e o homem-sem-a-natureza do comentário crítico de Hartshorne, que a Geografia Física e a Geografia Humana retiram sem mais do discurso neokantiano de ciências. Fragilidade de coerência epistêmica, mais que contradição de discurso, que Reclus, Vidal e Ratzel, além de Brunhes, cedo perceberam. Afinal, podia-se conceber essa externalidade para o contexto do discurso da Geografia Física (afinal, é da cultura existente conceber-se que a natureza já existia antes do homem aparecer no mundo, a natureza por isso podendo ser estudada com base em categorias e leis puramente naturais), o mesmo já não se podia fazer com a Geografia Humana (porque teríamos que admitir que o homem pode ser de carne e osso e existir fora da natureza).

Daí que De Martonne aparentemente possa elaborar o *Tratado de geografia física* sem recorrer à presença do homem, embora ao preço de sentir a necessidade de incluir um capítulo inteiro de Biogeografia, mesmo que como puro adendo dos capítulos de Geomorfologia e de Climatologia, a Geografia Física verdadeira, mas Brunhes não possa fazer o mesmo com a natureza em sua *Geografia humana*, por entender ser esta um discurso de relação homem-meio. O fato é que, dado o vínculo orgânico com a teoria do homem e da natureza do neokantismo, a geografia clássica já não pode mais pretender proclamar-se na linha do romantismo filosófico e da teoria da história natural do homem de Darwin seguida por Humboldt. Era através do alinhamento comum ao romantismo que Humboldt e Darwin trocavam regularmente correspondência ao redor de mesmas ideias sobre a natureza e o homem, nas quais o homem integra a natureza tanto quanto a natureza integra o homem, de modo a firmar-se a relação destes como uma relação holista, ao mesmo tempo de internalidade e externalidade. Manter essa proclamação seria abalar tanto a Geografia Física quanto a Geografia Humana, porque então não se poderia dizer do homem e da natureza que metade esteja dentro e metade esteja fora um do outro, respectivamente. A saída foi optar por olhar homem e natureza pelo prisma oblíquo da interioridade-exterioridade contemporizando uma e outra linhas por meio de conceitos de abrangência integral, mas não holistas, como o tempo-espaço em Reclus, o gênero de vida em Vidal, o solo-espaço em Ratzel e o habitat em Brunhes.

A dificuldade dos clássicos é combinar o discurso holista dos criadores com o de homem-centauro neokantiano positivista a que agora aderem, tendo que encontrar uma alternativa de conceito de homem e de natureza que minimamente significasse algo próximo de uma leitura de integralidade. E é esse que chega aos anos 1950 de Tricart e George, instados a lidar com uma teoria de um homem que não está na natureza nem está na sociedade e ao mesmo tempo encontrar uma solução integrativa, sem ter de pagar o preço de operar com uma noção de totalidade como um amontoado de cacos. Solução que Tricart vai encontrar no conceito de fitoestasia. E George, no de situação.

A entropia negativa

É a concepção do homem atópico, pois, o núcleo central do problema. E que melhor se explicita no paradigma de fragmentaridade. Quando se põe homem e natureza em relação entre si já partindo do pressuposto de partes que pela soma formam um todo, enveleda-se por um buraco sem fim e sem rumo. Entes individuais que entram no todo pela janela, homem e natureza acabam por se apresentar como categorias soltas entre si dentro seja da paisagem, do meio ou do espaço. Não há como falar entre eles de totalidade, que é o pressuposto de todo conhecimento.

Daí se supor que o estudo da relação deva antes ser precedido do conhecimento prévio de cada "parte" e, só depois, por junção de agregado, proceder ao conhecimento das influências recíprocas que essas partes realizam entre si no contexto somatório do todo. Um método de totalização que, não tendo em si um nexo estruturante, vagueia sem bússola de referência unitária. E que ao fim acaba por levar cada parte a virar, em consequência, uma ciência ou ramo de ciência.

O DISCURSO DO AVESSO

Essa é a teoria do conhecimento que leva a Geografia a se multiplicar em sub-divisões setoriais ao infinito, mas também a alimentar a crença, no mínimo curiosa, de através do estudo das interligações ser ela a ponte capaz de traçar a unidade que falta à própria fragmentaridade neokantiana, na estranha definição demartonniana de charneira entre as ciências da natureza e as ciências do homem. Dividida em Geografia Física e Geografia Humana, e estas subdivididas por sua vez numa diversidade infinda de geografias setoriais em nome de uma ramificação criadora de um universo rico e heterogêneo de especialidades e especialistas, a geografia fragmentária está, na verdade, ela mesma numa encruzilhada sem saída, vítima da impossibilidade de traçar uma ponte de ligação interna dentro de si mesma, patinando num homem e natureza metafísicos.

Compreendido na trama das relações recíprocas perpetrada por um processo do trabalho concebido como elo de mediação da relação homem-meio visando transformar o meio em sobrevivência (num estranho esquecimento de que trabalho, transformação e sobrevivência são conceitos que negam a própria noção do cosmos como um todo de partes reunidas por soma), o homem é uma parte junto às outras dentro do todo. Por tabela, a natureza. E é este, justamente, o ponto de estabelecimento da falsa polêmica do determinismo *versus* possibilismo que pôs Vidal e Ratzel em suposta relação de contraponto, Ratzel sendo tido como equivocado e Vidal, como um correto teorizador da relação homem-meio, cuja aceitação generalizada é a confissão da própria falta de clareza reinante. Pois, no fundo, está se falando de determinação e de possibilidade, duas categorias-chaves de toda teoria do homem como sujeito-objeto da sua própria história.

Sob a proclamação de entes que entram em interação por relação de externalidade, o que se edifica é uma pura colcha de retalhos. E com o preço da ausência, ao fim, da própria soma da totalidade. Encarada como um agregado de entes paralelos que se aproximam uns dos outros vindos de fora, a totalidade acaba por ver-se transformada num sistema, conceito do todo que no momento que se fecha morre, atingido pela absoluta falta de movimento.

É assim que se passa com a Geografia o mesmo que se passa com a filosofia neokantiana que a inspira. A fragmentação do conhecimento põe em suspenso o campo discursivo sobre o ser. O homem, a natureza, o mundo, cada qual deixa antes de mais nada de ser o que é. Por isso, após a riqueza sucessiva das definições que a cada tempo a explicita como discurso de algo, a geografia fragmentada vai não mais que vir a ser uma maneira imprecisa e ambígua de falar da paisagem, do meio e do espaço, e assim de relação e de organização, porque do homem e da natureza, presa numa entranhada elisão da ontologia. O que a Geografia é ninguém mais sabe.

|26|

A natureza opacificada

Há, pois, um vazio conceitual da natureza, cuja origem é a ausência do conceito do homem, mas cuja fonte real é o conceito de natureza que já se tinha embrionado antes do holismo romântico de Humboldt e Ritter.

A natureza fora então transformada num conjunto dos seres inorgânicos. O homem, dela excluído. E natureza e homem postos a se defrontar entre si como essências reais distintas e distantes. Há em Ritter e Humboldt o entendimento amplo do mundo do romantismo como o todo combinado das esferas do inorgânico, do orgânico e do vivo, que por intermediação da geografia das plantas se torna um todo holista. E que o sistema neokantiano esfacela atribuindo o inorgânico a um campo de ciências, o orgânico a um outro e o vivo a um terceiro, eliminando por tabela a integração interno-externa que homem e natureza travam entre si no âmbito coabitante da superfície terrestre do conceito do romantismo. Mas em si tal não é, entretanto, um modo positivista e neokantiano de entendimento propriamente. Mas o discurso de ciência moderna que vão buscar na criação da ciência da Física no albor do Renascimento.

Visando inaugurar um momento de cientificidade moderna a partir do conceito empírico, matemático e experimental de conhecimento, Galileu Galilei busca estabelecer o que é e o que não é possível se conhecer à luz desse preceito. E distingue os fenômenos do mundo entre aqueles que exprimem e aqueles que não exprimem sua essência numa linguagem matemática. Há os fenômenos que se expressam e dialogam com o mundo através dos números e das figuras da fala matemática, e por isso são passíveis do conhecer científico, uma vez que por sua estrutura e conformação são quantitativamente padronizados em sua organização e regidos em seu comportamento por leis de repetição regular e constante, por força do que são assim preditivos e previsíveis em seus movimentos. Esses são os fenômenos da natureza. E é isso a natureza. E há os fenômenos que por sua essencialidade e configuração indefinidas são, por isso, erráticos, incertos e não preditivos, e assim incapazes de propiciar a possibilidade do conhecimento preciso e rigoroso que é a quintessência do entendimento de ciência. Esses são os fenômenos humanos. E é isso o homem. É dessa concepção de natureza e homem que nasce a ideia de ciência, de estrutura fenomenal do mundo e de relação recíproca de externalidade da natureza e do homem que parte o neokantismo, referendando-as como uma irredutibilidade do homem e da natureza que só resta separar em dois universos dissociados e distintos de ciência. Há uma radicalidade antecedente que supõe a dicotomização. Mas não no campo ainda da ciência. A natureza não contempla o homem. E o homem não contempla a natureza. Isso porque a natureza é o tema da Física. E o homem é o tema da Metafísica. Ciência é, assim, ciência da natureza.

O DISCURSO DO AVESSO

Não há uma ciência possível do homem. Física e Metafísica inaugurando, assim, o discursivo de mundo da modernidade. Um discurso que o neokantismo vai ressuscitar e ressignificar, reafirmando o conceito de ciência da natureza e criando o conceito de ciência do homem, criando, assim, o sistema separado das ciências da natureza e das ciências do homem.

A evolução do pensamento moderno seguirá e ao mesmo tempo se confrontará com esse paradigma. E sobre ele se debruçam criticamente tanto a filosofia quanto a ciência. Tenta harmonizá-lo a filosofia crítica de Kant. E ultrapassá-lo a filosofia do romantismo. Até que a crise do romantismo filosófico reacende a harmonização kantiana, através do retorno a Kant. A teoria geográfica de Ritter e Humboldt vai corresponder à alternativa holística da filosofia romântica. E a teoria geográfica dos clássicos à solução fragmentária da filosofia neokantiana.

Nesse passo transita o próprio conceito de natureza. Se a natureza mecanicista com sua exclusão do homem é a concepção de natureza que vemos nascer no campo da Física, embora Newton a designe como um discurso de *Princípios matemáticos da física do mundo*, expressão aristotélica com que batiza em título de livro seu conceito de Física e de natureza, a organicista que vem a seguir com Darwin é a concepção reciprocamente integrativa de natureza e de homem. A teoria da evolução e o modelo de entendimento da Biologia que sai da lavra de Darwin, justamente no período do romantismo, contesta a ausência de uma história natural da natureza e do homem e a teoria destes como entes paralelos, matemáticos e dicotomicamente inorgânico-orgânicos com que a Física estabelece como base do olhar moderno. Natureza é antes de mais nada, diz Darwin, a diversidade de seres inorgânicos, orgânicos e vivos, integrados por um processo de história natural no qual um fenômeno vem da transformação de um noutro, que lhe é originário e antecedente, eliminando a fronteira entre o inorgânico, o orgânico e o vivo dos físicos, que Humboldt no diálogo recíproco com Darwin traz para sua geografia das plantas.

A dicotomização neokantiana é, todavia, a expressão da passagem da primeira para a segunda Revolução Industrial, a economia cobrando o valor prático e pragmático do conhecimento científico e dando azo ao fim e substituição do romantismo filosófico pelo neokantismo, e seu combate seja ao romantismo, seja ao positivismo, legitimando-lhe a acomodação que separa natureza e homem em campos de ciências diferentes, o das ciências da natureza e o das ciências do homem, face à absoluta correspondência que a especialização fragmentária das ciências do neokantismo guarda com a divisão técnica do trabalho da indústria que neste exato momento está se desenvolvendo. É quando o discurso galileano da natureza e do homem ganha a tradução da ultraparcelização do universo científico que radicaliza a separação natureza-homem e pulveriza suprimindo e

|28|

jogando na vagueza o conceito de natureza e com ele o conceito atual de homem que a geografia clássica ao fim e ao cabo vai abraçar.

Este é um quadro de evolução geral que na Geografia, todavia, segue um caminho quase ao contrário, o esvaziamento do conceito do homem levando ao da natureza, face à força da presença rittero-humboldtiana. Dicotomizada e fragmentada, a exemplo do que ocorre com o campo das demais ciências, a ciência geográfica neokantiana vive os momentos finais da fase do estudo da relação homem-meio, buscando acomodar a visão holista integrada que vem das mãos de Ritter e Humboldt e a pulverizada em discursos setoriais que entra agora. E é sob o perfil dessa ambiguidade que vamos vê-la evoluindo através da formulação a um só tempo integrada e fragmentada sob a chancela de um conceito estruturante que vamos ver em Reclus, Vidal e Ratzel, até que da pena dos herdeiros de Brunhes nasça a transição que desloca a paisagem para o campo das geografias físicas setoriais e o espaço para o das geografias humanas setoriais, a paisagem e o espaço a seguir desaparecendo em face dessa fragmentação generalizada dos próprios campos que as haviam abrigado por uns momentos.

O método-colagem

Morta a teoria, morre o método. Conformada no conceito cartesiano-newtoniano do já-dados-recíprocos-no-mundo que a leva a tomar o tratamento da natureza e do homem como partes distintas e individualizadas que por aproximação se integram num mesmo sistema, a ciência geográfica integrado-fragmentária cristaliza por instantes a equilibração na forma do método regional.

A região é o lenitivo que a geografia clássica cria frente o furacão neokantiano para equacionar o desequilíbrio da dicotomia natureza e homem que internamente a quebrara em Física e Humana, a Geografia Física instituída como ciência da natureza e a Geografia Humana como ciência do homem, natureza e homem, e epistemicamente a própria Geografia, reencontrados num arremedo neorittero-humboldtiano de unidade. Juntos ressuscita-se, também temporariamente, o valor categorial da paisagem, do meio e do espaço.

Tema respectivamente da natureza e do homem, Geografia Física e Geografia Humana se encontram e se fundem no conceito unitário da região da Geografia Regional. O processo é tão prático quanto simples. Para cada segmento setorial das respectivas áreas levantam-se os fatos. Plotam-se os dados num vegetal que os transforme em mapas temáticos. Sobrepõem-se a seguir esses mapas em busca do quadro de correlações que leve à descoberta das leis regentes, vendo-se um a um sucessivamente os entrelaces que fusionem os dados físicos e humanos num só. Faz-se pelo acumulado de ligações e explicações de suas leis a teoria das interações causais, e à base dessas a demarcação que junte num mesmo recorte cartográfico o máximo de síntese espacial, explicando-se por meio dessas sínteses espacialmente correlacionadas o sistema integrado que aí vai se formando. Feita a síntese causal das correlações cartográficas, tem-se, enfim, a região. Assim, fenômenos antes alheios que só pelo agregado das correlações e plotagem no espaço se tornam uma totalidade viram geograficamente na forma da região um mundo único, mesmo que dentro do todo regional natureza e homem e cada dado setorial sigam com vidas próprias e reciprocamente se interligando por relações de externalidade. O propósito do discurso teórico unitário foi, no entanto, metodologicamente atingido. A Geografia Regional logrou reunir a Geografia Física e a Geografia Humana, as geografias física e humana setoriais cumpriram sua função sistemática, e a Geografia reencontrou a unidade involuntariamente perdida.

Um homem e uma natureza presente-ausentes

Pode-se entender, então, porque no universo discursivo de Tricart e George é o homem trabalho, necessidade, consumo, e não sujeito; e a natureza, recursos, estoque de meios, arsenal de matérias primas, e não elo holista, e são ao mesmo tempo um par de troca metabólica que se concretiza em sociedade na história. Indeterminados, ainda assim a natureza está no homem e o homem está na natureza. São e não são um entre si orgânicos à sociedade. Têm e não têm um sentido de significado que dizem o que são. O mesmo se dizendo da paisagem, do meio e do espaço. É que, dialéticos em suas ideias, acaba por entre eles homem e natureza a aparecer em seus entrelaces de entes que se movem para que os outros entes geográficos se movam. Criam seus significados, para que estes os tenham. São determinados, para que o todo como um todo também se determine.

A FRAQUEZA E A POTÊNCIA DO ENTENDIMENTO

A ambiguidade de integração-fragmentação que se dá na Geografia é em parte fonte e efeito de suas próprias características. A Geografia clássica não se pulveriza por si mesma. E não se mantém integrada por acaso. É o discurso do tempo, como o foram o discurso seminal de Estrabão e Ptolomeu de uma Grécia subordinada do tempo imperial de Roma; o discurso modernista de Varenius; o discurso pré-científico de Kant; o discurso fundacional de Ritter e Humboldt; e, assim, agora, o discurso integralizado-fragmentário dos clássicos. Mas é também o discurso-efeito de uma condição de forma de ciência que tem sua identidade dentro de si mesma, de onde tira o modo próprio de fazer seu discurso de mundo.

A pulverização, não o seu modo em si de formulação científica. E isso explica por que enquanto as ciências se fragmentam, abandonando o projeto humanista renascentista e iluminista do olhar sobre o mundo como o modo do homem ver-se a si mesmo, de que o discurso holista-romântico de Humboldt e Ritter é uma expressão clara, a Geografia tenta fragmentar-se, mas manter-se também integrali-zada. Se em plena pulverização positivista neokantiana ela escolhe lançar-se nessa ambiguidade de ser e não ser razão fragmentária e razão unitária ao mesmo tempo, não é, pois, por uma dificuldade propriamente intrínseca, mas por contingência de ser uma forma de saber que desde Estrabão e Ptolomeu se fundamenta justa-mente no propósito de se ver como um olhar de mundo reflexivo-crítico, antes que pragmático-tecno-especialista, reagindo a cair no exclusivismo do paradigma fragmentário no qual as demais formas de saber caem sem mais pretender. Sua natureza de uma forma de olhar o mundo pelo todo, é isso o que no fundo explica sua opção pelo ambíguo. Mais é seu propósito de autopreservação ontológica, mais que a impotência de atualizar-se aos olhos das exigências tecnicizantes do começo do século, a fonte dessa medida.

A visão de integração entre homem e natureza é então por isso um tema que vai e volta. E assim antepõe com frequência os geógrafos que buscam ser holistas e os que buscam ser especialistas de fragmentos. Tricart e George são de novo o melhor exemplo. Esse é o tema que os envolve num embate nos anos 1960 ao redor do caráter prático da teoria e do método geográficos. Indagando-se sobre a natureza de sua práxis – geografia ativa ou geografia aplicada? – Tricart e George movem toda a comunidade geográfica francesa e internacional acerca da forma que deve orientar a intervenção geográfica no mundo que nos cerca. Norteia-os a compreensão comum de que ver o detalhe no todo e o todo no detalhe é precisamente o espelho de ciência que populariza a Geografia. E no fundo lhe dá sua maior característica e potencialidade de riqueza.

Uma ciência da forma, mas sem conteúdo

Meio, recursos, relação, organização, planejamento e, ao lado destes, população, necessidades, consumo, trabalho, transformação: tais são os termos que povoam como cacos o discurso fragmentário. Falta-lhe a clareza da categoria de nexo estruturante. O equivalente, na fase de representação moderna, que se presume ser o espaço, do que na fase da representação clássica, na linguagem das eras epistemológicas de Foucault, foi a função agregante da paisagem.

São categorias teóricas que se movem, mas que parecem não conter o desejado poder de formatação de contexto. Antes, ao contrário, cada qual desaparece do mesmo modo inexplicável com que aparece, movendo-se sem uma aparente linha lógica de condução processual. Daí que em momento algum se avança rumo a um conceito que explicite as conexões e dê o sentido de construção abstrata do pensamento. São

O DISCURSO DO AVESSO

categorias que flutuam no âmbito do texto, movendo-se como termos de perfil e fronteira do impreciso, mais que como base de uma fala elucidadora.

Não surpreende serem essa vagueza e opacidade operacional das categorias o outro lado da vagueza e opacidade epistemológica do conceito do homem e da natureza. Não há leitura constituída sem a presença assumida do sujeito e do objeto que lê. Em Geografia, por suposto, o homem e a natureza. Daí que seu discurso opere sem o rigor analítico necessário a uma visão de ciência, o conjunto discursivo vindo tendencialmente a ser, assim, uma totalidade frouxa e dependente da maior ou menor habilidade de construção intelectiva de cada geógrafo.

Aparentemente tal vagueza de conteúdo some diante da certeza que se tem de ser a Geografia uma ciência de síntese. E que tem na totalidade a forma do real. Como o elemento com que constitui seu discurso de totalidade é ora a paisagem, ora o espaço enquanto os vieses pelos quais se expressa a relação homem-meio, forçoso é pensar-se que a Geografia abrange tudo o que é imaginável e inimaginável, nada lhe escape, de vez que nada existe neste mundo que não esteja no espaço e no tempo, para repetir a máxima kantiana. Daí ser curioso que esse próprio discurso divida o mundo em geográfico e não geográfico.

Pode-se avaliar a sequência de equívocos desse tipo de entendimento. Um primeiro equívoco é a ideia de uma ramificação ao infinito em galhos em que nada fique fora da árvore geográfica. É uma árvore que se divide e se subdivide em tão alto grau de ramificação discursivo que no seu conjunto é impossível o discurso geográfico não parecer um armário repleto de gavetas. E um armário de gavetas estanques. Daí que os livros e manuais didáticos venham, em geral, a ser não mais que catálogos ordenados de fatos, de tão enciclopédicos, sistemas de taxonomia que arrolam num plano horizontal as coisas do mundo, como um grande e completíssimo almanaque. Pré-livros, pois mais que livros propriamente. Um segundo equívoco é a ideia de o discurso geográfico ser a imagem no espelho da totalidade dos saberes. Indagado até o passado recente acerca do que é e do que faz a Geografia, o geógrafo responde que ela é uma ciência de síntese. E ele, um sujeito do planejamento. Como as categorias são atributos arrolados segundo o campo singularizado da imensa diversidade em que ele se fragmentou, num acompanhamento acrítico da ciência contemporânea, no exato momento em que supondo ter respondido e passado uma identidade clara de si mesmo, o discurso geográfico logra apenas mostrar-se um modo de enfoque de um todo diluído e sem elos de universalidade. Um terceiro equívoco, por fim, é entender ser ele um campo elástico (dentro do discurso geográfico cabe literalmente tudo) e eclético (é uma visão caótica do mundo), um saber que explica tudo, com a peculiaridade irônica de restringir seletivamente o mundo em o que nele é o que não é geográfico, listando como não geográficas justamente as categorias que identificam

|32|

o homem como sujeito em sua relação com a natureza, a sociedade e a história, deixando o homem como sujeito para as outras ciências.

Uma representação da forma, mas para domínio da leitura técnica

Aumenta o acervo desse rol de equívocos o sonho de ação de orientação técnica que o paradigma setorial sistemático consolida com a internalização do sistema fragmentário de ciência. Ser geógrafo é ser técnico e usar meios técnicos da pesquisa e ação. E, antes de tudo, ser isso enquanto representante de um reduto de especialistas. Um discurso de contrabando, uma vez que desde a criação estraboniana e ptolomaica exercer a Geografia é fazer uma inventariação territorial a mais detalhada, rigorosa e precisa dos povos do mundo. Se com Estrabão se inventa o relatório, com Ptolomeu se inventa o registro cartográfico. Mas é o olhar de quem perscruta, todavia, que, em um e em outro, diz o que se vê, se descreve e se fala.

A era da fragmentação minimiza, quando não elimina, esse olhar teórico, trocando-o primeiro pela cartografia de precisão, a seguir pela máquina fotográfica e mais à frente pela fotografia aérea, hoje substituindo-a pela imagem de satélite e pelos programas de geoprocessamento. E assim aumenta-se o arsenal dos recursos técnicos, ao mesmo tempo em que se precariza o poder do ver-falar conceitual. São recursos que tecnicizam, despotencializando-a, a parte teórica do discurso, ao mesmo tempo em que desteorizam, do mesmo modo despotencializando-a, a parte técnica, quando no fim e ao cabo é a técnica que potencializa a teoria e é a teoria que potencializa a técnica, sem o que se tem na prática duas metades que se empurram e se esterilizam reciprocamente.

Decalcado no que sensorialmente vê por falta de sentido de significado do mergulho no que olha, esse discurso geográfico pouco vai assim além da forma, radicalizando na técnica a impossibilidade teórica e na radicalidade teórica a impossibilidade técnica. E, no entanto, no geral teoria e técnica nascem do mesmo berço de dar ao discurso seu poder enfático de movimento.

Faz-se, assim, abstração ao fato de que é com Ritter que nasce a teoria da cartografia prática e com Humboldt, a ferramenta da medição técnica dos processos da teorização geográfica. Toda a obra do *Erdkunde* é assentada numa cartografia de precisão das regiões do mundo, que Ritter faz com os poucos recursos de cálculo e medição de que a cartografia dispunha. E toda obra do *Cosmos* é sedimentada numa ação de campo que se acompanha de instrumentos de medição que em parte o próprio Humboldt inventa. É assim com a descrição rigorosa dos termos físicos e humanos das regiões dos continentes em Ritter e com a fixação das formas de paisagens climatobotânicas e seus assentamentos geológico-geomorfológicos, e de sócio-político-culturais dos povos do mundo em Humboldt. Um e outro igualmente potencializam os limites técnicos do fazer com o poder do pensar geográfico que seus repertórios conceituais absolutamente claros lhes propiciam. Ritter deixa o método de comparação dos recortes regionais que dele faz o criador das práticas que ainda hoje orientam os termos de ação do discurso geográfico. E Humboldt, os sistemas de classificação de paisagens e o aporte de análise conceitual do meio ambiente que dele faz o precursor mais claro do moderno discurso ambientalista. São, antes de tudo, discursos teórico-técnicos locais e globais de mundo. E que os fazem já nascer cientistas da práxis.

Na fase da geografia física e da geografia humana setoriais, entretanto, os conceitos da análise teórica e as técnicas de tratamento caminham dissociados. Mais que isso, em sentidos cada vez mais opostos. As referências teóricas são levadas ao vazio conceitual e as referências técnicas elevadas à condição explicativa. Assim, olha-se um par de fotografias aéreas e vê-se a fotografia, quando deveria ver-se o que está fotografado. Vê-se as imagens de satélite como realidades em si mesmas, mesmo que se saiba que são espectros de uma sensorialidade remota, uma forma mais sofisticada e trabalhosa que a aerofotogrametria. Toma-se o modelo matemático como quem mapeia e clarifica o padrão de organização que por hipótese está por trás das formas do espaço, fazendo-se abstração de uma criação humana que por isso mesmo só ela, com sua capacidade teórica, tem poder explicativo. E pretende-se que seja o programa de geoprocessamento que processe o geo, quando é o olhar intelectual que processa as marcas geográficas reais geomecanicamente referenciadas.

Uma imagem opaca, mas intuitivamente fotográfica

Para uma ciência descritiva das formas geográficas do mundo, a falta do conceito pareceria em princípio não ser um problema. Afinal, diziam os antigos, a paisagem é o que se vê. Mesmo que a observação clássica de George proclame ser a Geografia uma ciência do visível que se explica pelo invisível. Conhecer o mundo seria um problema de boa visão, instruindo a tradição fragmentária de que mais vale uma boa técnica descritiva que milhões de teorias explicativas. Embora nessa máxima se contenha um bom pedaço de verdade, mesmo a tradição, tão conhecida por ser descritiva, se valeu da leitura intelectual da paisagem para fazer da Geografia uma pintura não limitada ao desenho seco do mapa.

É assim que tornada uma leitura fragmentada da paisagem/espaço passou a escapar ao discurso geográfico o brilho e a plasticidade daquilo que retrata, presos a um decalque sem o fogo teórico dos arranjos que descreve. Cabe-lhe traçar uma tela do mundo, mas se essa tela chega a atingir (e em muitos geógrafos setoriais atinge) a nitidez de uma pintura realista a descrição não logra obter, no entanto, o encantamento mágico de um quadro impressionista ou o fascínio sedutor de um quadro surrealista que conscientemente empresta o significado do invisível ao visível que o pintor vê. Até porque, se há entre um mapa e uma tela realista o fato comum da representação, o quadro realista pelo menos tem o paladar saboroso da inventividade intelectual, enquanto o mapa do geógrafo tem contrariamente o sabor insípido da mera reprodução do visível. E isso não é gratuito. No mapa a representação exprime o jogo cambiante das disputas da história. E é preciso ideologicamente opacificá-lo. Daí o ganho do aspecto insípido de um mero filtro (do real só se passa ao papel o que politicamente interessa) que o distancia da obra de arte plástica, que abre a imaginação dos homens para a livre reflexão sobre a consciência existencial da vida. Embora no fundo seja uma arte, o mapa tornou-se uma estética do controle, elaborado com os requintes da técnica pictórica que manipula símbolos, mas intencionalmente com a aparência de que nada significa.

Uma ciência do real, mas limitada ao visual da aparência

O problema da leitura fragmentária começa justamente na perda do caráter de significado do que se vê, sem perceber que ver é ver o significado. O que tem significado um mapa? Antes, a valorização visual da opacidade do sensível, o visto produzido pela ausência do pensamento. Uma prática de teoria e método, vimos, que conduz à grave consequência de reduzir o conhecimento ao discurso do imediato (a paisagem tal qual fisicamente se vê), sem que se considere o trânsito das mediações que colocam o olhar geográfico entre a aparência do visível e a essência do invisível tal qual estas estão materializadas na paisagem.

Ciência sem mediações (é de se indagar se isso é de fato possível) e, portanto, incapaz de mover-se pelo interior do espesso tecido que se alonga entre a forma da paisagem e a essência que por meio dela se expressa, de circular em deslocamentos de ida e vinda entre o extremo do visível e o extremo do invisível, do imediato ao mediato a geografia fragmentária, sobretudo quando dita técnica, funde o visível da paisagem ao nível horizontal e epidérmico da aparência dos fenômenos. É essa fixação na horizontalidade do visível que a leva a não mais que ver e descrever o que no real é um vaivém de verticalidade. E, assim, à inevitável angústia de não poder senão descrever. Mais que isso. Por se mover no plano externo estritamente horizontal dos fenômenos, é no mínimo questionável que lide com o real e possa dar conta do concreto.

Por isso não surpreende que nela se menospreze a teoria. Num saber sem verticalidade, isto é, vazio das mediações que mergulhem o conhecimento para além do nível imediato da paisagem, é natural que a técnica vire uma apreensão de imagens, nada mais que imagens. E que quando busque a totalidade a teoria vire um repertório de "palavras, nada mais que palavras".

O DISCURSO DO AVESSO

Desacompanhado do conceito, o discurso vira mera fala decalcada naquilo que se vê, na descrição sem o brilho do mergulho profundo que só a mediação do conceito dá ao concreto. É a Geografia "ciência terra a terra" dos que lhe gabam ser a sabedoria do que se vê, apesar de a cultura popular lembrar reiteradamente que "as aparências enganam".

Uma ciência de relação, mas sem unidade orgânica

Nada mais embaraçante que isso é se saber nessa ciência do visível com que invisível ela trabalha. Por que caminho chega ela à relação sintética com que realiza o vínculo das coisas soltas, se não opera com categorias estruturantes.

Em Brunhes a resposta parece simples. Basta deslocarmos a indagação do campo da descrição, o da paisagem, para o analítico da categoria subjacente, o do espaço. E desse combinado fazer emergir como totalidade a relação homem-meio. Mas o caminho é a mediação da categoria do arranjo. É o arranjo do espaço que agrega os dados da paisagem, de modo que é por seu intermédio que o espaço aparece organizando o todo da relação homem-meio através da paisagem.

Sendo uma ciência que lê a paisagem (que o discurso antigo confunde com o espaço) a partir do espaço (que o discurso moderno confunde com a paisagem), isto é, do invisível das relações do espaço que dá a formulação teórica do visível da paisagem, é através desse combinado categorial que a Geografia edifica o seu corpo de ideias. Na paisagem se vê a diversidade das coisas singulares. No arranjo do espaço se apreende a arrumação distributiva da localização dessas coisas. No espaço a invisibilidade das relações visíveis do arranjo vai então conceitualmente aparecer. Assim, a visibilidade do arranjo espacial da paisagem, o plano de senso-percepção das coisas singulares, ajudada pela visibilidade das relações do espaço, assim se explicita, clarificando-se a leitura conceitual-abstrata das singularidades. É esse o caminho da síntese totalizante, a integralização que dá o significado de um todo à relação homem-meio. Vai-se metodologicamente do imediato da forma ao mediato do conteúdo. E, então, do conteúdo revelado pela forma ao recôndito da essência relacional que faz da relação homem-natureza o eixo humano da construção das sociedades na história. Em resumo.

É onde a sabedoria dos antigos reserva suas grandes surpresas. Há grande parte dela nas teorias que vão de Humboldt-Ritter a Reclus-Vidal-Ratzel-Brunhes até chegar-se às teorias mais próximas de Tricart e George. Planos de um caminho embotado pela ambiguidade dos caminhos pelos quais a tradição en07vereda o dilema de ser e não ser fragmento ou integralidade de discurso científico do pensamento geográfico moderno.

|36|

Uma ciência da visualização do invisível, mas sem a explicitude do par teoria-método

O problema é que aceitando a metodologia de ver e arrumar as coisas como partes de convivência externa, o discurso fragmentário tornou-se uma reunião de dicotomias, de que não ficou infensa a própria definição clássica de estudo da relação homem-meio. Há, antes de tudo, um grande problema de método. Um problema que se não é exclusivo e mesmo de invenção da Geografia, porque é atributo de toda ciência neokantiana moderna, esta tomou-o acriticamente para si como da sua essencialidade. Nesse mimetismo edificou-se como uma estrutura de linhas de rupturas (as linhas de contato das dicotomias), um discurso que se alimenta numa dicotomia que leva a outra, que leva a outra, e leva a outra, a dicotomia homem-meio levando à dicotomia Geografia Humana-Geografia Física, que leva à dicotomia Geografia Geral-Geografia Regional, numa metafísica viciosa do ovo e da galinha.

Foi nesse tom do cuidado que George teorizou sobre o visível e o invisível, reiterando a tradição dos clássicos de a Geografia fragmentar-se sem alienar-se de si mesma. Ao escolher para seu objeto, neokantianamente, um recorte de singularidade do real, a exemplo do campo das ciências da natureza (como a Física, a Química, a Geologia e a Biologia) e do campo das ciências do homem (como a História, a Antropologia, a Economia, a Psicologia e a Sociologia), a Geografia trouxe para si as mesmas complicações teórico-metodológicas vividas por elas. E a razão é simples. Uma vez que desde o ato seminal Estrabão e Ptolomeu estabeleceram a relação homem-meio como seu tema, um tema irredutível ao neokantismo, a Geografia descobriu-se ela mesma um saber irredutível.

Uma intenção explicativa, mas presa à descrição

Eis aí a fonte do mergulho atual da Geografia num plano fracamente analítico de mundo. O fato é que da ambiguidade nasce a fragilidade discursiva. E, então, a impossibilidade de, seja pela descrição da paisagem, seja pela análise da organização do espaço, poder dar conta explicativa da relação homem-meio como eixo processual da constituição histórico-estrutural do mundo. Até porque, face essa raiz mal resolvida, tanto a paisagem como o espaço evoluíram conceitualmente para pouco além da referência epidérmica do real, ambas limitando-se a ficar fixas no plano do aparecimento puramente fenomênico, presas à impossibilidade de dar o salto do externo do visível ao mais interno do invisível. Da descrição para a compreensão. Da aparência para a essência do real.

Como o método da geografia fragmentária veio a consistir em tomar os fenômenos como partes separadas que depois vão ser reunidos numa relação de um todo, disso deriva um traço característico: a busca reiterada da síntese totalizante. É assim que após dividir-se em Geografia Física e Geografia Humana, e estas por sua vez num número infindo de geografias físicas e geografias humanas, tantas quantas a imaginação criativa possa produzir, o discurso geográfico caiu no trajeto impossível do caminho conjuntivamente sintético. Se na Geografia Física tão absoluta atomização se remedia na noção do sistema-natureza que o geógrafo vai pedir de empréstimo ao mundo da Física (até hoje a Geografia não pensou a natureza senão como coisa físico-mecânica), na Geografia Humana é ela um problema adicional, já que é um disparate pensar-se a estrutura da história como um sistema-sociedade.

Uma ciência com problemas, mas sem questões

Se esquadrinharmos a história do discurso geográfico com o fim de irmos buscar os momentos em que o mundo se defronta com problemas vividos que se possam intitular problemas geográficos, o impasse fica mais patente. Estes seriam o determinismo e o regionalismo. Mas determinismo e regionalismo seriam problemas por serem questões? E são geográficos em que sentido?

Tem-se que o determinismo é um problema imputado como uma questão geográfica desde a literatura antiga. Trata-se de condições de vida humana brotadas de determinações das estruturas do meio que na modernidade se tornam um discurso de possibilismo *versus* determinismo, representados presumivelmente no pensamento de Vidal e Ratzel, a concordar-se com Lucien Febvre. Haveria uma ação do meio sobre o homem que este responderia com adaptação ou autoanulação, a depender dos termos da cultura e da civilização humanas que daí brotariam nos diferentes espaços e tempo.

Do mesmo modo é o discurso de regionalidades, que não só diferenciariam os homens por suas identidades geográficas como teriam nas territorialidades motivos de interação nem sempre concordantes entre eles. Mais que singularidades ambientais do modo de habitação, da religião ou da indumentária, a regionalidade seria um modo de o homem confrontar sua identidade com a identidade do outro, as regiões, seus territórios e paisagens respondendo pelos conflitos de identidade-diferença do mundo.

Questões que apontariam para um plano de problemas de fundo geográfico, precisamente aqui a vagueza discursiva melhor verbaliza os problemas de conteúdo, uma vez que saber em que medida as estruturas geográficas influem e determinam a dinâmica das interações entre fenômenos – sejam eles fenômenos da natureza, sejam eles fenômenos do homem, sejam do próprio âmbito relacional homem-meio – é saber antes de tudo como por meio dessas estruturas se define a natureza geográfica da condição ontológica das coisas. Mas é precisamente aí que o discurso se mostra capenga.

COMO PENSAMOS

Uma ciência de síntese, mas perdida na força dessa potência

A relação entre as categorias essenciais de forma e conteúdo geográficos é o tema transversal de todos os períodos de definição. Mas é particularmente na fase do estudo da relação homem-meio, pouco na fase de estudo descritivo da paisagem e praticamente já dissolvido na fase do estudo da organização do espaço, que essa relação categorial melhor se explicita. O fato é que em todos os períodos de definição, seja na fase de proeminência da paisagem, seja na da proeminência do espaço, a forma é o conteúdo. E assim domina a impossibilidade de por meio da forma explicitar-se o conteúdo, e por meio do conteúdo explicitar-se a forma, visível e invisível geográficos relacionando-se dialeticamente.

É Brunhes provavelmente o clássico que mais claramente avança sobre essa questão. É ele quem chama a atenção para a necessidade de no plano geral se diferenciar forma e conteúdo como categorias distintas e no plano específico visualizá-las como categorias que se ligam para organizar o conteúdo da relação homem-meio num habitat definido. É quem insiste em ver a paisagem como a categoria do visível, e o espaço como a categoria do invisível dos modos de organização da relação homem-meio na superfície terrestre. E assim a relação homem-meio como o conteúdo que através da ação da categoria da paisagem como seu nexo estruturante se explicita como real-concreto na história. A paisagem e o espaço são um duplo de formas. E a relação homem-meio é o conteúdo de ordenação comum. De modo que explicar a relação homem-meio é para ele descrever a função ordenadora da paisagem por intermédio do arranjo do espaço, o arranjo do espaço arrumando o arranjo da paisagem e esta arrumando através desse arranjo a organização global da relação homem-meio. Assim, descrever a paisagem é antes de tudo descrever a configuração do arranjo de espaço que ela tem sob sua base. E analisar o espaço é explicar como, por meio desse seu arranjo, ele organiza a paisagem e como, por meio desse arranjo, leva a paisagem a organizar a relação homem-meio. De modo que explicar a relação homem-meio é então interpretar a trama da estrutura espacial segundo a qual a paisagem organiza como um todo a estrutura dessa relação. Um esquema de explicação em que o abstrato do espaço organiza a estrutura concreta da relação homem-meio através da organização dos elementos empíricos da paisagem. Assim forma e conteúdo para ele se diferenciam e ao mesmo tempo se entronizam na constituição do real geográfico, o espaço aparecendo como a categoria estruturante, mas a paisagem como a categoria concreta da relação homem-meio. É o espaço que explicita o modo de organização estrutural da paisagem, mas é essa estrutura de organização da paisagem que dá vida real à relação homem-meio. Forma, processo e conteúdo se integralizando, em suma.

É, pois, Brunhes o clássico que está na origem da noção moderna do espaço como categoria da organização geográfica da sociedade na história. O clássico que faz a passagem discursiva do antes e do depois no pensamento geográfico. O antes do estudo da descrição da paisagem e o depois do da organização do espaço. É assim o clássico cujo discurso expressa o auge do estudo da relação homem-meio. E o começo da fase consecutiva do estudo da organização do espaço. E onde o sentido de síntese do discurso geográfico ganha real clareza.

Não por acaso Brunhes é o criador da Geografia Humana no molde como até há pouco a conhecemos. Aí, relação homem-meio e organização do espaço aparecem interligadas. A paisagem é a categoria-chave do método, mas é o espaço a categoria-chave da teoria. E assim é através da movimentação dessas categorias que o homem e a natureza formam uma relação processual. A partir da forma como ordena o espaço, o homem ordena a forma como a paisagem se torna a configuração empírica do seu habitat, via a destruição da paisagem que organiza o conteúdo da sua relação homem-meio no modo de construção do espaço desse habitat. Brunhes, assim, não só dissocia como associa nesse seu modo inédito de pensar teórico-metodologicamente a paisagem e o espaço e a relação homem-meio respectivamente como forma e conteúdo em Geografia. Paisagem e espaço como formas. E a relação homem-meio como conteúdo. E define nesses passos os termos modernos da análise em Geografia. É esse o discurso de síntese como uma totalidade processual de forma-conteúdo que se passa para a teoria da paisagem de Sauer e a teoria ecológica de Sorre. E desses para as teorias de Tricart e George.

É de Sauer a ideia de que o homem se move dentro da paisagem com o intuito de recriá-la como seu meio. Meio é essa paisagem que o homem arruma como seu espaço envolvente. E que muda a cada vez que o homem reconverte em nova forma de espaço essa paisagem-mundo. Meio cuja essência são os valores e símbolos de representação com que o homem expressa sua relação ambiental com ele. Daí advindo as próprias diferenças de momentos desse meio, desde o ponto inicial da conversão da paisagem natural em paisagem humanizada, que Sauer entende como objeto de estudo da Geografia.

E é de Sorre a ideia de que o homem se move dentro dela com o intuito de convertê-la nesse meio geográfico complexo que é a superfície da Terra como seu ecúmeno. Combinando a trilogia planta-água-homem de Brunhes e gênero-modo de vida de Vidal, Sorre vê brotando dessa imbricação a estrutura de sociabilidade que se adensa num crescendo de complexidade em cada canto onde o homem edifica geograficamente seu modo espacial de existência. A relação homem-planta-água é o ponto de partida da relação homem-meio rumo à escala de sociabilidade que materializa o acúmulo crescente de complexidade ecumênica. A primeira escala é o complexo agrícola, a prática relacional a partir da qual a paisagem natural seletivamente vira a paisagem da geografia de cultivos e criações que lembram o processo de domesticação e aclimatação das áreas-laboratórios e áreas anfíbias de Vidal. Desse primeiro complexo

COMO PENSAMOS

surge o segundo, metamorfoseado no complexo alimentar, a geografia das plantas e animais que se combinam para formar os hábitos dietéticos dos povos, centrados em cada canto numa planta-chave de referência, o arroz nas planícies do oriente asiático, o trigo nas áreas temperadas centro-ocidentais europeias, as raízes e os tubérculos nos planaltos dos trópicos africanos, o milho nas extensões semiúmidas americanas. A seguir vem o complexo técnico nascido das entranhas da relação ambiental do homem com o duplo planta-água segundo o meio de cada canto, o ambiente natural virando sócio-tecnicamente meio geográfico. Este se desdobra no complexo cultural formado pelos hábitos e costumes que, unidos à técnica, dá origem ao gênero de vida à base do qual o homem ergue o todo da sociabilidade do modo de vida localmente estabelecido. Na continuidade vem o complexo urbano-agrário originado pela emergência da cidade e a sua relação ordenadora das interações rurais. Segue-se o complexo mercantil formado pela expansão territorial das trocas entre os povos em sua diversida- de de produtos e gêneros de vida. Vem depois o complexo civilizacional formado pela integração dos gêneros de vida e sociabilidades dos grupos territoriais de culturas próximas. Sobre essa base multiplicam-se as civilizações da teoria geográfica de Vidal. Por fim, fecha o ciclo do complexo industrial com sua cultura de padrão de ecúmeno tecno-cientificamente uniforme sobre espaços de meio naturais distintos, ampliando e consolidando o âmbito territorial do ecúmeno terrestre segundo o quadro contraditório de povoamento e distribuição da população terrestre que hoje conhecemos.

George é o grande herdeiro de toda essa trajetória. E é quem vai inverter, num Brunhes lido às avessas, a partir do papel instrumental que a técnica adquire na teo- ria de Sorre, a forma de relação de espaço e paisagem que a teoria vinha mantendo, alterando e submetendo a paisagem ao domínio do princípio e primado desta.

A técnica é o elo entre o homem e a natureza em George. A origem é a culmi- nância da sociabilidade industrial complexa de Sorre. E é a técnica industrial que George tem em mente quando fala da força modificadora da ação da técnica. Daí classificar as sociedades em espacialmente não organizadas, as sociedades da natureza sofrida, sinônimo de ainda não tecnicamente transformadas, e em espacialmente or- ganizadas, com dominante agrícola nuns casos e com dominante industrial noutros, as sociedades espacialmente organizadas com dominante industrial correspondendo justamente à sociabilidade do complexo industrial organizado em escala de mundo. É a técnica a mediação que, se interpondo entre a paisagem e a natureza, suprime a natureza e transforma a paisagem em espaço construído. Parece estarmos no terreno ontoepistemológico de Brunhes, mas pouco precisamos de atenção para vermos tratar- se de sentidos de significado distintos. A substituição da paisagem pelo espaço indica já em Brunhes a importância determinante da técnica em seu ato de transformar a relação homem-natureza na relação homem-sociedade. Assim, enquanto a paisagem expressa a relação homem-meio no plano da forma, o espaço é o modo de organização

O DISCURSO DO AVESSO

da sociedade tecnicamente estruturada. Em George, todavia, quanto mais a natureza é transformada pela técnica, mais a paisagem desaparece, mais o espaço aparecendo como o real da organização geográfica da sociedade.

Em Brunhes o combinado paisagem-espaço é a forma e a relação homem-meio o conteúdo que, por intermédio daquele combinado de formas, se concretiza como realidade na história. George mantém essa consideração epistemológica, mas para concebê-la numa significação ontológica diferente. A transformação da natureza em sociedade pelo homem através da intermediação da técnica faz do espaço o modo real da existência. A relação homem-sociedade é o espaço. A paisagem é apenas o aspecto visual do arranjo configurativo de tudo isso.

A primazia do espaço leva-o então a mudar o próprio modo de descrição. Não é mais o detalhe correlativo – como o aspecto correlato que revela num mapa de fisionomia o processo da fisiologia das plantas, ou o desenho das cristas que revela o substrato geológico do relevo próprio da fase do estudo da descrição da paisagem, mas a localização e a distribuição geradoras da trama do arranjo próprio da fase de estudo da organização do espaço – o processo do método. E assim, não mais a propriedade correlacional do objeto, mas a determinação dos arranjos como movimento estrutural, o processo da teoria. Muda o foco do olhar, o conceito orienta o deslocamento da forma para o processo como tema da atenção.

Tricart é, ao contrário, a primazia da paisagem. Vale a força descritiva da forma, a visualidade empírica da paisagem que define na dimensão heterogênea da escala grande (a área pequena e de domínio dos detalhes) e homogênea da escala pequena (a área grande e de domínio da generalização) o lugar da intervenção categorial. Na escala da área restrita predomina a heterogeneidade, a escala do espaço evidenciando o poder da leitura da paisagem. O exemplo é a diversidade dos bancos de areia que se veem distribuídos no longo do leito de um rio, cuja comparação permite, por sua riqueza de detalhes, perceber a sucessão dos momentos de assoreamento em sua relação com o movimento erosivo e deposicional dos períodos de chuva. Já na escala da área ampla predomina a homogeneidade e a possibilidade da comparação fica dificultada pela perda dos detalhes formais dos bancos, podendo-se quando muito formular um plano geral de interação entre os momentos sazonais da movimentação dos sedimentos e seu carreamento para formar os bancos de areia no leito. É a escala espacial da paisagem que define, assim, o alcance conceitual do que se vê. E, assim, a prevalência do conceito e o poder metodológico da paisagem. A paisagem que é uma realidade na escala grande e outra na escala pequena. A paisagem que é o real-empírico na escala grande e o real-conceitual na escala pequena. Esses planos do conceito orientando seu uso analítico de distintos modos no processo de produção do conhecimento.

É com George e Tricart, todavia, que vem à luz o trajeto do conceito iniciado num formato ainda empiricista por Brunhes. Neles o movimento da paisagem e do espaço expressam um modo de ser do real que aqui aparece como paisagem e ali como espaço, a depender da própria dialética processual do movimento.

Há implícito neles o mesmo ponto de virada dialética de associação-dissociação da forma e do conteúdo, dialética de transfiguração entre si das categorias, que vemos em Brunhes. Ponto de virada que em Brunhes aparece sem a clara transparência perceptiva. Que em George é o momento de entrada da técnica como elemento dinâmico. E em Tricart a intermediação da fitoestasia entre o chão ecotópico e a superestrutura biocenótica, numa espécie de dialética de infra e superestrutura de que o espaço é o suporte a partir de onde a paisagem, enquanto meio ambiente do homem, ergue suas compartimentações de escala.

Estamos portanto no reino da centralidade do olhar, visível já em Brunhes, mas que só aflora como referência ontoepistemológica clara com as teorias de Tricart e George. Egressos ambos do marxismo, o fundamento é o sentido de concreto da totalidade. O olhar que determina o que ou quando o que se tem é paisagem ou espaço categorialmente. Tem-se por percebida a noção de vínculo do conceito com o jogo das interações, que em Brunhes denomina-se habitat, em Tricart, paisagem e em George, espaço, jogo das interações que em todos eles é no fundo a condição de organização dos modos geográficos como um ser-estar dos fenômenos.

São as interações as relações que vinculam entre si os conceitos, numa linha de colagem do interno e do externo que a tradição viu como estados paralelos, não como fruto das múltiplas determinações que definem o modo de ser-estar que é próprio da condição geográfica das coisas, e que serão o foco novo de olhar que vem a se estabelecer como propósito de fundamento na recente emergência de renovação das teorizações de que Tricart e George de certo modo são a origem. Daí que a análise da relação forma-processo venha a ser o ponto de ultrapassagem do que a geografia teorético-quantitativa chama de geografia tradicional e a denúncia desta pelas tendências recentes como um discurso que dissolve o processo na forma e a teoria na estrutura matemática, anunciando a modalidade de entendimento nova que retorna à tradição para fazer uma nova rodada de teses.

Atravessado pelo tema do avivamento do conteúdo, o movimento de renovação recente aparece como uma crítica justamente da exclusividade unilateral da forma. Há nos antigos uma obliteração do conteúdo que faz da forma, seja ela a paisagem, seja ela o espaço, o próprio discurso do conteúdo. E que agora se explicita como uma necessária contraditoriedade dialética. A dialética de forma-conteúdo que permite desvendar as estruturas geográficas como a face concreta dos modos de existência concreta das coisas.

Vive-se dentro da crítica, todavia, o momento de auge da definição da Geografia como estudo da organização do espaço pelo homem, levando o primado do conceito do espaço a dominar o debate por inteiro, às expensas da importância que se pudesse emprestar à paisagem, até que aos poucos o debate vai-se mostrar ele mesmo, no fundo, um debate ainda da forma.

AS TRÊS ORDENS
E AS TRÊS PARTES ESTRUTURAIS
DO PENSAMENTO CLÁSSICO

A forma como pela combinação das geografias sistemáticas a geografia clássica teoriza a organização espacial da inter-relação homem-meio é a do acamamento por sobreposição dos seus conteúdos. Descrever a sequência dessas sobreposições, que começa com a base geológico-geomorfológica e culmina no plano das relações culturais, é para ela o modo teórico-metodológico de compreender como essa integração efetivamente se estabelece. E isso em qualquer tempo e tipo de sociedade.

O sítio é o ponto de onde tudo parte. Sobre a base dele se arruma a relação de posição-situação dos lugares. E sobre esse todo mais amplo de sítio-situação se ordena, numa estrutura de acamamentos do tipo natureza-homem-economia, a totalidade das relações.

Sítio, situação e estrutura por acamamentos formam, assim, o trio do imaginário geográfico da tradição clássica, seja na fase da descrição da paisagem, seja da relação homem-meio e seja da organização do espaço, essa teoria atravessando esses momentos para firmar o fundamento metodológico do discurso geográfico dos dias de hoje. Vidal é sua fonte seminal. Mas a chave da teoria é a fragmentação setorial. E são seus discípulos os formuladores (Moreira, 2008).

O SÍTIO

O sítio é o ponto de partida seja da relação de posição-situação e seja da estrutura natureza-homem-economia (N-H-E). Trata-se antes de tudo do perfil topográfico do chão geológico-geomorfológico cujo desenho de arranjo a sequência das sobreposições vai reproduzir para cada camada sucessiva. Sobre o arranjo desse desenho topográfico se arrumam e se adensam desde os estratos da natureza até os estratos do homem, a paisagem vindo a ser o todo cruzado dessa estruturalidade. A partir, assim, do suporte geológico-geomorfológico se ordenam em ordem sucessiva as relações climatológicas, pedológicas, edafológicas, hídricas e biogeográficas, o conjunto dando no sítio no seu sentido lato, daí seguindo-se a arrumação das relações demográficas, econômicas e por fim culturais. Grelha de suporte sobre o qual esse todo se ergue, o sítio se recria em redesenho constante – e assim o conjunto da paisagem à base dele estruturada – a cada vez que se dá um salto de qualidade no nível da técnica que preside as ações humanas em suas relações com o quadro físico. Fala-se então de um sítio urbano, rural e regional, falando-se dos termos fisiográficos dos assentamentos de espaço da cidade, do campo e da região, respectivamente.

É essa trilogia sítio-situação-estrutura N-H-E que se ordena numa síntese regional, a teoria da estrutura N-H-E sendo um detalhamento com ênfase na parte sistemática da teoria regional realizado por Emannuel De Martonne, geomorfólogo e discípulo de primeira geração de Vidal.

A presença de Vidal deve-se à forma que este dá ao livro que escreve sobre a personalidade da França que lhe fora solicitado por Lavisse, em seu propósito de projetar numa coleção de livros de história uma imagem nacional que enfrentasse o mal-estar criado pela derrota francesa na guerra franco-germânica de 1870, tomando a revolução francesa de 1789 como referência. Isso supunha um volume inicial apresentando aos franceses o solo territorial do desenrolar da história da França, modo como os historiadores viam na França a Geografia, tarefa que então atribuiu ao geógrafo Vidal. Para escrevê-lo, Vidal tomará a história geológica desse solo como base, inovando o modo do povo francês ver seu país e o próprio modo como então, desde os historiadores, via-se e concebia-se a Geografia. Vige nesse tempo ainda a visão da Geologia como uma história natural da Terra, de Charles Lyel, em que a história da vida no planeta é contada a partir da história das suas camadas geológicas. É uma opção metodológica que oferece a Vidal a oportunidade de casar história natural e história social num espaço nacional ainda pouco transformado paisagisticamente pelo desenvolvimento da indústria, vendo cada unidade de espaço de uma comuna como tendo ainda um recorte próprio de identidade, e o todo diverso das identidades comunais formando a peculiaridade e o traço de personalidade global da nação francesa. Dedicados a aprofundar o trabalho do mestre, os discípulos de Vidal vão depois analisar em trabalhos monográficos cada um desses recortes, fazendo do processo de combinar o quadro da natureza e o quadro humano na unidade de espaço investigada um recurso de leitura e teorização das identidades geográficas que irá se chamar o método regional.

Esse é também o momento de começo da fragmentação do pensamento geográfico, que se inicia com a criação da Geomorfologia como um campo setorial especificamente voltado para o estudo do modelado do relevo. A definição do relevo como uma rugosidade de saliências, onde em sua projeção no terreno os fenômenos vão se alojar, dá origem à noção do sítio, que o uso sistemático vai tornar um conceito. Trata-se do campo setorial que surge nos Estados Unidos da interface da Geografia com a Geologia, e na Alemanha da interface da Geografia com a Climatologia e que influirá como um todo nos rumos da geografia clássica em todo o mundo.

Nos Estados Unidos a Geomorfologia deve seu surgimento a William Moris Davis, um astrônomo voltado para o estudo dos fenômenos meteorológicos que é convidado a participar dos trabalhos de levantamento das características fisiográficas do oeste norte-americano, onde no convívio com os geólogos terá sua atenção voltada para as áreas montanhosas do leste. Observando os detalhes da anatomia do relevo dos Apalaches, Davis percebe uma sequência cíclica de que participam processos orográficos, tectônicos e erosivo-deposicionais – a orogenia responde pelo período de nascimento; a erosão-deposição, pelo período de maturidade e velhice; e a tectônica quebrátil, pelo de rejuvenescimento –, que associa ao ciclo evolutivo dos seres vivos e designa ciclo geográfico.

Na Alemanha a tarefa cabe a Richard Richtoffen. Com formação em Geologia, Richtoffen transfere-se para a Geografia chegando à Geomorfologia através do método da morfologia da paisagem de Humboldt. Um método que Humboldt tira da teoria da estética de Goethe. Tomando como referência a teoria aristotélica da forma em que a matéria se coisifica ao casar-se com uma dada forma, Goethe constrói sobre essa base toda a sua teoria da estética. Fortemente influenciado por essa teorização, Humboldt vê na paisagem geográfica a própria exemplificação do que diz Goethe acerca da forma na arte, formatando nos termos dessa teoria aristotélico-goethiana da forma sua teoria geográfica da forma da paisagem, via geografia da plantas. Onde, entretanto, Humboldt vê a planta, Richtoffen vê a rugosidade do relevo formada pelo afloramento das rochas, tornando o estudo das formas de relevo assim geradas a matéria de criação do que vai chamar a geo-morfo-logia. O termo é assim criado por Richtoffen, Davis chamando-o de fisiografia.

Com ambos se inaugura o movimento de fragmentação da Geografia Física. À Geomorfologia segue-se a Climatologia e depois a Biogeografia, todas nascidas da fronteira da Geografia com as ciências vizinhas, a Geomorfologia com a Geologia, a Climatologia com a Meteorologia e a Biogeografia com a Biologia. Logo a fragmentação setorial chega à geografia, agora no âmbito da geografia francesa, surgindo a Geografia Econômica, seguida da Geografia Agrária, Geografia Urbana e Geografia Industrial, já incorporando nessa sequência de formação o entrelace do acamamento aos pilares de base da geografia física setorial.

É pelas mãos de Emannuel De Martonne, criador da Geomorfologia francesa, que esse todo vai ganhar o formato de acamamento, tomando as geografias sistemáticas, definidas como o campo das leis gerais em Geografia, para, por sobreposição em camadas, juntar e unificar os fenômenos físicos e humanos a partir da unidade do sítio.

A sugestão vem da estrutura piramidal do sistema de ciências da filosofia positivista. Arrumadas numa escala de sobreposição sucessiva que vai do conhecimento mais geral e mais simples ao mais específico e complexo, a ciência que está acima incorporando o acúmulo das que lhe estão na base num processo de complexificação crescente de composição de conteúdo, as ciências do sistema positivista têm na base a Matemática, seguida da Física, da Química, da Biologia, e no topo a Física Social (nome com que designa o que virá a ser a Sociologia). Adotada a seu modo específico de montagem, a Geografia vai arrumar as camadas de sua pirâmide no sentido da sequência das geografias físicas setoriais para a sequência das geografias humanas setoriais. Assim, se no sistema positivista a base é a Matemática, à qual por incorporação de conteúdo sobrepõe-se a Física, a esta a Química, a esta a Geologia, a esta a Economia, a esta a Psicologia e a esta, por fim, a Física Social, no sistema do discurso geográfico a base é a Geomorfologia, a mais geral e simples, à qual sucede a Climatologia, a seguir a Pedologia, mais acima a Hidrologia e, por fim, a Biogeografia, seguindo-se a Demografia, a Geografia Agrária, a Geografia Urbana, a Geografia Industrial, a Geografia da Circulação e, por último, a Geografia da Cultura. A rugosidade geomorfológica forma o sítio. E a síntese espacial forma a região. Sítio e região assim compõem os extremos estruturais do espaço geográfico.

A POSIÇÃO-SITUAÇÃO

O sítio e a região combinam-se no quadro da posição-situação. A situação vem do arranjo relacional da posição. Duas são as formas de posição, a posição astronômica, mediante a qual o fenômeno é visualizado por sua localização nas zonas térmicas da Terra, e a posição geográfica, mediante a qual esse fenômeno é agora visualizado por

AS TRÊS ORDENS E AS TRÊS PARTES ESTRUTURAIS

sua localização relativa às outras localizações na superfície terrestre. A posição astronômica completa e reforça o caráter físico do sítio. Ao passo que a posição geográfica continuamente reelabora o seu desenho e configuração.

Pela posição astronômica o planeta é dividido em cinco zonas térmicas: quente, temperadas norte e sul, e frias norte e sul. A zona quente é a localizada entre os trópicos, cortada ao centro pela linha do equador terrestre. As zonas temperadas são as localizadas entre o trópico e o círculo polar, uma em cada hemisfério. E as zonas frias são as circundadas pelos círculos polares, igualmente uma em cada hemisfério. Daí derivam os três grandes tipos de clima da Terra, o quente, o temperado e o frio, a que se acrescenta como um quarto o árido, seguindo a classificação clássica de De Martonne, o quente localizado na faixa intertropical, o árido localizado na faixa subtropical e com as características de transição entre as áreas de climas tropicais e de climas temperados, o temperado na faixa entre o trópico e o círculo, e o frio na faixa circumpolar. Ao localizarmos o fenômeno em sua posição astronômica já sabemos, assim, seu tipo de clima.

Segundo sua localização nessas faixas, o sítio terá seu tipo de clima e o modo como a combinação clima-geologia local irá determinar a forma e dinâmica do modelado do seu relevo, o desenho da circulação das águas, a tipologia dos solos e como produto-resultado o tipo de cobertura vegetal, este todo integrado compondo as características fisiográficas do seu sentido mais lato. Da posição astronômica deriva, assim, um sítio urbano, rural ou regional montanhoso ou aplainado, encoberto por um clima quente, temperado ou frio com suas formas características de precipitações, rede de bacias fluviais extensa ou restritamente ramificada e por formações vegetais densas, abertas ou ralas, o modo de combinação desses fatos levando a cidade, o campo e a região a se apoiar estrita ou amplamente sobre meios ambientes estáveis, intergrades ou instáveis, segundo a classificação de Tricart.

Já pela posição geográfica o fenômeno é definido pelo quadro das suas interações espaciais, sua localização sendo classificada segundo o grau de inter-relação formado pelo feixe de relações vivido entre os sítios. A determinante é aqui a posição relativa das localizações, a localização de um lugar vista por relação à localização dos outros lugares, a possibilidade, densidade e forma da interação se definindo no quadro do sistema de distribuição da totalidade das localizações assim formado.

Nas sociedades de trocas mercantis da economia industrial moderna as posições relativas se interligam entre si com grande intensidade, regularidade e frequência. E os lugares de melhor localização com o tempo concentram volume maior de interações com os outros lugares que os de localização menos privilegiada. É onde o sítio e a posição geográfica se combinam em sua dinâmica evolutiva numa mesma consonância geral. Já nas sociedades de trocas mais esporádicas as interações se definem por suas relações locais, a posição relativa e o desenho do sítio pouco se modificando no tempo. Tanto num caso quanto noutro, se o sítio do sistema de circulação que organiza a movimentação das trocas entre os lugares for pouco apropriado e se são pouco apropriados os sítios dos lugares em interação, a exemplo de terrenos forte ou excessivamente rugosos, a ponto de encarecer o custo ou alongar o tempo do deslocamento, as interações pouco se desenvolvem, o contrário ocorrendo com os terrenos aplainados ou planos, as vias de circulação procurando aí localizar-se e ramificar-se em maior densidade, fortalecendo a vida social e econômica dos lugares em intercâmbio.

A situação é o quadro resultante dessa trama de interações espaciais que o lugar possui segundo o aspecto de seu sítio e posição relativa. E que lhe oferece tantas vantagens frente à situação de outros lugares quantas sejam as direções de sua rede de relações interativas. Seu êmulo é a rede de circulação, de modo que uma rede multidirecionada, a exemplo da rede de circulação das cidades do Rio de Janeiro e São Paulo face a localização das outras cidades do Brasil, significa por sua projeção espacial um quadro de situação privilegiada no todo do contexto inter-relacional.

E é essa relação umbilical com o sistema circulatório que confere à situação as características dinâmicas que a levam sempre a incidir retroativamente sobre o próprio quadro do sítio e da posição em que se apoia, o que geralmente acontece toda vez que muda o nível técnico da engenharia de construção. O emprego de novas técnicas modifica o itinerário da circulação, amplia o alcance territorial de influência das cidades, dá origem a novas áreas de ocupação econômica, aprofunda a relação entre a cidade e o campo, redistribui a repartição demográfica ao fim do que se redefine o arranjo interacional das posições relativas, criam-se novas entradas e saídas incorporando trechos circunvizinhos num efeito de sítio novo e se tem um quadro novo de situações.

A ESTRUTURA N-H-E

O efeito desse combinado de sítio, posição relativa e situação é a arrumação num sistema articulado de N-H-E do espaço geográfico. O sítio é o suporte. A posição relacional, a base do arranjo. E a situação e o dado dinâmico do desenho das sobreposições.

O arranjo de apoio é o sobe-desce da rugosidade topográfica-altimétrica dos compartimentos geológico-geomorfológicos (Rougerie, 1971). Estes diferenciam-se em: 1) planícies, áreas planas de domínio deposicional de sedimentos, por isso em geral localizadas nas altitudes mais baixas ou nos embutimentos das outras formas de relevo; 2) planaltos, áreas de domínio erosivo, em geral formados por terrenos geológicos antigos e arrumados em grandes superfícies de aplainamento do tipo do pediplano em regiões climáticas semiáridas e do peneplano em regiões climáticas quente-úmidas, e por isso localizados nas altitudes médias ou embutidos entre as grandes linhas de cordilheiras; e 3) as cordilheiras, áreas de orogenia recente ou antiga, altas e acidentadas nas áreas de orogenia recente ou rebaixadas e pouco acidentadas nas de orogenia antiga, em geral formando as partes elevadas do planeta ou os maciços e fragmentos de colinas localizadas do entremeio nas partes intermédias dos planaltos originados dos desgastes erosivos ou partes marítimas de colmatação sedimentar das baixadas de origem tectônica.

A ele sobrepõem-se os compartimentos de clima, numa relação nem sempre coincidente com os limites e o conteúdo do chão geológico-geomorfológico de apoio, como num andar de cima. Os climas úmidos e semiúmidos se localizam nas partes de baixa altitude e baixa latitude da faixa quente do planeta. O clima quente e úmido, diferenciado em equatorial e tropical úmido, sempre quente e sempre chuvoso e de verões permanentes, predomina nas áreas de baixa altitude equatorial e da orla marítima dos continentes, coincidentemente com os compartimentos de planície. Já o clima quente semiúmido, com verões chuvosos e invernos estivais, também denominado tropical semiúmido, predomina nas áreas mais afastadas, em geral recobrindo os compartimentos de planalto do interior dos continentes. O clima subtropical distingue o subtropical úmido, o subtropical semiárido, também chamado mediterrâneo, e o árido. São tipos de clima diferentes segundo a variação sazonal térmica e pluviométrica de verão e inverno, aqui já pronunciados, o subtropical úmido com chuvas distribuídas durante o ano, o mediterrâneo com chuvas no inverno fraco e estiagem no verão quente, e assim período de forte semiaridização, e o árido correspondendo aos desertos localizados nas áreas de descida dos contra-alísios do paralelo de 20-30º dos hemisférios norte e sul. O clima temperado distingue, também em ambos os hemisférios, o úmido e o seco: o temperado úmido, também chamado oceânico, se distribuindo pela fachada costeira, vinculado ao efeito da maritimidade, e o temperado seco, também chamado continental, pelas áreas do interior dos continentes, vinculado ao efeito da continentalidade. O clima frio, por fim, distingue-se em subpolar e polar, o subpolar correspondendo às áreas da linha do círculo polar e o clima polar às mais distanciadas em latitude. São tipos climáticos que se reproduzem na mesma sequência das latitudes nas faixas de altitude das cordilheiras, a exemplo das cordilheiras da faixa equatorial onde os climas se sucedem do quente úmido-chuvoso das partes mais baixas para os frios e secos das partes mais altas.

O andar mais acima é o nível de acamamento dos tipos de vegetação. São combinados de flora e fauna em geral coabitantes e interativos com tipos distintos de solo e distribuídos de acordo com a rugosidade do relevo, a distribuição dos rios e a contemplação de água das chuvas. A floresta tropical é a formação

O DISCURSO DO AVESSO

vegetal densa, fechada e exuberante dos domínios quentes e chuvosos das áreas de planície e encostas montanhosas de clima equatorial e tropical úmido das latitudes baixas, fruto da relação planta-solo nem sempre fértil, mas de algum modo adequada ao seu sustento que o ambiente das baixadas quentes e chuvosas propicia. A savana é a formação vegetal aberta e disseminada de árvores, arbustos e herbáceas dos domínios de horizontes amplos dos planaltos do clima semiúmido, fruto da relação planta-solo marcada pela alternância das chuvas de verão e estiagem de inverno do interior dos continentes tropicais. O deserto é a paisagem da vegetação das ilhas de afloramento da água de profundidade dos domínios de dunas e completa secura das áreas de clima subtropical árido. A floresta temperada é a formação vegetal de fisionomia mista situada entre o domínio de vegetação heterogênea da floresta tropical e homogênea da floresta fria, fruto da relação planta-solo fortemente afetada pela baixa temperatura e longa duração do inverno, embora sem interrupção do circuito regular das chuvas, das áreas de planícies e maciços costeiros do clima temperado oceânico. A estepe é a formação vegetal de gramínea dos domínios de alternância de verão e inverno rigorosos que suprime as estações intermediárias e produz a relação planta-solo de hibernação, morte, decomposição, rebrote e transformação das plantas nos solos ricos em matéria orgânica das áreas interioranas extensamente planas e erodidas do clima temperado continental. A floresta fria é a formação vegetal homogênea e esparsa das coníferas dos domínios de planalto desgastado dos climas frios. A tundra, por fim, é a vegetação baixa e de pequena estatura de líquens e musgos dos domínios de clima frio da orla subpolar dos continentes.

Esses compartimentos de paisagens naturais são o âmbito da distribuição e mobilidade dos assentamentos demográficos da população (Derruau, 1973). Sua tendência é, de um lado, ocupar áreas que combinem localização marítima, relevo de planície, balanço climático favorável e vegetação indicativa de solos bons e, de outro, evitar as de grandes altitudes, vegetação fechada, clima frio ou desertos. É assim que nas primeiras se formam os grandes assentamentos e nas segundas, as grandes rarefações, numa cartografia de distribuição humana que muda a cada vez que o nível de desenvolvimento dos meios técnicos sobe, permitindo à população inverter as condições de povoamento e alargar a seu favor o ecúmeno terrestre.

O andar seguinte é o das camadas de atividade econômica, onde a agricultura e a pecuária predominam em extensão e diversidade de formas de paisagem, cobrindo nessa disseminação todas as regiões naturais do globo. Na agricultura tropical a lavoura e a pecuária ocupam áreas em geral separadas, a lavoura sendo uma atividade relacionada às áreas chuvosas e de solos orgânicos das matas costeiras e várzeas dos rios. Entre suas formas de cultura distinguem-se a de mercado, de exportação e de subsistência. A agricultura de mercado é a forma moderna de produção, moldada segundo as demandas internas de matérias-primas da indústria. A agricultura de exportação é a forma de produção de origem colonial, hoje voltada para o mercado mundial de *commodities* agropastoris. A agricultura de subsistência, por fim, é a atividade de policultura que mistura raízes, cereais e árvores frutíferas, além do gado miúdo, numa mesma área, seja para autoconsumo de seus produtores, seja para o suprimento alimentício das cidades. Por baixo dessas formas distintas de produção e sistemas de cultivo há em comum, todavia, o uso da prática da derrubada da mata, da queimada e da itinerância. São características comuns que se devem à colonização tê-las associado à ocupação das áreas florestais sempre quentes e chuvosas das fachadas costeiras, ou das várzeas dos rios, a lavoura de exportação, depois a de mercado interno, sendo instalada nos locais de solos ricos em matéria orgânica e a de subsistência nos locais de solos pobres. Aí a mata é derrubada em clareiras abertas para o plantio das culturas, seguida da aglutinação do mato derrubado para uma primeira queima, chamada queimada, e depois de uma segunda para queima do material restante, chamada coivara. Tem-se por suposto que as cinzas da queima fertilizam o solo, plantando-se as culturas em meio às cinzas e aos tocos calcinados. O esgotamento do solo, que logo ocorre, leva a nova abertura de clareira em outra área de mata, numa rotação de terras e itinerância que se repetem a cada ciclo de plantio, até que a própria prática da agricultura fica condenada nas áreas mais próximas do litoral e dos rios. Para responder à escassez de terras virgens e cobrir os custos de transporte de seus produtos aos centros de consumo, essas três formas de agricultura agem cada qual de modo diferente. Dispondo de melhores possibilidades de investimento, a agricultura de mercado busca fugir desse hábito malogrado, indo localizar-se perto dos eixos de circulação que deem acesso aos mercados, modernizando-se com os meios técnicos vindos da sua relação com a indústria. A agricultura de subsistência busca contorná-los com o próprio hábito de uso da policultura, reunindo num mesmo pedaço de terra culturas de diferente floração e capacidade de resistência sazonal, desse modo produzindo e podendo fornecer alimentos em qualquer época e circunstância de tempo. É a agricultura de exportação, pois, a que mais depende do uso das formas de cultivo predatórias, dado seu caráter de monocultura e mercado externo. Formando um capítulo à parte, a rizicultura irrigada das regiões de clima tropical monçônico é uma exceção. Com sua infinita quantidade de diminutas parcelas distribuídas pelas várzeas dos rios e pelos terraços das encostas das montanhas, a produção do arroz se completa nos pequenos trechos de plantio de legumes e verduras e na criação avícola realizada nos marcos de divisa das parcelas e dos terraços. Aumenta essa potencialidade a técnica de combinar semeadura em estufas e transplante das cultura para os terrenos inundados que leva a uma sucessão de safras e a uma

O DISCURSO DO AVESSO

densidade de uso da terra e rendimento de produção de escala incomparável no mundo. Já a pecuária domina as áreas quentes e semiúmidas da vegetação de savana e relevo de planalto do interior. É em geral uma atividade ora extensiva, ora semiextensiva e ora intensiva, a depender do lugar, sempre dissociada da lavoura. Reina a diversidade do tipo do gado e a forma social de organização de sua atividade, podendo-se também falar de uma pecuária de mercado e de uma pecuária de subsistência. A pecuária de mercado se dá em áreas de pastos plantados e espaços demarcados segundo o estágio evolutivo do animal, sendo justamente o caso da forma intensiva ou semi-intensiva de criatório. A pecuária de subsistência se dá em áreas de pastos ainda naturais da savana, de menor qualidade, e amplos espaços, onde o criatório é deixado solto ao sabor da pastagem natural, exemplificando o caso da forma extensiva, quando muito semiextensiva.

Na agricultura subtropical distinguem-se a agricultura mediterrânea e a agricultura dos desertos. A agricultura mediterrânea é uma atividade marcada pela alternância entre a estação chuvosa, curta e amena do inverno e a estação seca, longa e forte do verão em sua combinação com o sítio de montanhas das partes interioranas e o de planícies das partes marítimas, às voltas com um problema hídrico ao qual lavoura e gado respondem num ajuste de ocupação dessas áreas. Entre as atividades de cultivo distinguem-se a agricultura das montanhas, a agricultura das planícies e a agricultura da orla dos desertos. A agricultura das montanhas é o domínio do clima de chuvas em aguaceiro de inverno e secura estival de verão, em geral identificada pela trilogia vinha-trigo-oliveira. O sobreiro e o castanheiro, culturas de árvores e arbustos permanentes que se combinam de entremeio a um sistema de cultivo misto de cereais, legumes e verduras conhecido por cultura promíscua, dominam a alta encosta e sua descida para a encosta média. A videira, em geral localizada nas áreas inclinadas das médias encostas dos grandes vales, numa localização que confina com a faixa de latitude do inverno frio do clima temperado, completa, ao lado da fruticultura, o quadro dessa faixa. A oliveira, por fim, árvore capaz de extrair a água dos lençóis subterrâneos com suas raízes mais profundas, domina as partes mais baixas. A agricultura das planícies, de chuvas mais frequentes e solos cortados por uma profusão de lençóis freáticos de diferentes profundidas, é o domínio efetivo da oliveira, aqui reforçada pelos trabalhos de irrigação. Por fim, a agricultura da orla dos desertos é o domínio da estepe seca, e assim da cerealicultura irrigada e da pastagem extensiva. A atividade do criatório divide a região mediterrânea com essa atividade tríplice de atividades de cultivo. É um criatório de transumância que alterna com os plantios a ocupação das partes altas de montanhas com as partes baixas de planície segundo as alternâncias sazonais, deslocando-se no período de estiagem do verão para os pastos de montanhas e deixando para os plantios as áreas de irrigação das planícies e descendo para dividir as áreas de planície com os plantios no período chuvoso de inverno, num combinado hoje em extinção com o desaparecimento da transumância pelo desenvolvimento técnico do criatório. Já na agricultura dos desertos o arranjo das culturas segue a distribuição ou possibilidade da obtenção da água, distinguindo-se as áreas dos oásis, as áreas das fontes subterrâneas e as áreas dos rios vindos de nascentes montanhosas. A irrigação é uma característica geral dos sistemas de cultivo, amplificada e tornada permanente onde a técnica intervém, como a engenharia de aspersão, o bombeamento de poços artesianos e o barreamento de rios. São técnicas e contextos de produção correlatas a sítios diferentes. Nos sítios de oásis predomina a cultura das tamareiras, acompanhada de longe pela de cereais de inverno e alguns legumes, dado o uso prioritário da água para as primeiras. Nos de áreas de bombeamento predominam os cereais, os legumes e as frutas. E nos de vales dos rios, onde obras de barragem regularizam a oferta e a água pode ser levada por canalização a lugares mais amplos, encontram-se todas essas culturas, sendo possível acrescentar-se o afolhamento com pousio da criação do gado.

Na agricultura temperada predomina a agricultura de mercado, construída sobre as mudanças de uma agricultura marítima e de uma agricultura continental de formas históricas opostas. As áreas de clima oceânico da fachada marítima eram ainda há pouco domínios de uma agricultura consorciada de planta e gado, ao passo que as áreas de clima continental do interior eram de uma agricultura de grandes espaços cerealíferos. O mercado e a tradição são os vetores que se combinam nesse dinamismo contraditório, o mercado respondendo pelo redesenho técnico e a tradição, pela manutenção dos arranjos de paisagem do passado. É assim que tanto a agricultura de consorciamento cultura-gado do sítio florestal e terreno nem sempre plano do domínio climático marítimo quanto a agricultura de exclusivismo cerealífero do sítio estépico e terreno aplainado do domínio climático continental do interior evoluem para o arranjo de uma agricultura sujeita aos humores mutantes do mercado. Muda o arranjo de oposição litoral-interior de antes, mas as paisagens mantêm o mosaico da correlação físico-humana do passado.

Já na agricultura fria, por fim, uma forma de extensão da agricultura temperada adaptada a condições de domínio de um verão ameno e de duração mais curta e um inverno nevado e de duração mais longa, as culturas são as mesmas, mas o sistema de cultivo é obrigado a usar formas técnicas de obter o rendimento que ultrapasse os limites que o quadro natural oferece, valendo-se de um sistema de lavoura e criatório mais integrado.

O andar acima da camada agropastoril é a camada de indústria que a penetra e dinamiza em todos os cantos. Bem como das cidades e do sistema de circulação a que a indústria sempre está vinculada. A característica da indústria é ser uma atividade de transformação e interação, a transformação implicando a integração das demais unidades produtivas de espaço. Daí que cada indústria ordene seu espaço numa relação em rede em que a jusante estão as áreas de fornecimento de matérias-primas e a montante, as de consumo das manufaturas, o conjunto das indústrias arrumando a totalidade do espaço num entrecruzado de redes industriais individuais. A função ordenadora desse complexo de redes é, entretanto, da cidade. Historicamente a cidade nasce nos pontos de troca de produtos, como as de interseção das florestas e savanas, dos planaltos e planícies, do mar e do continente, criando uma rota de comércio que leva a diversidade dessas áreas a integrar-se num só todo fortemente. A relação de montante-jusante das indústrias vai ter assim na cidade seu grande centro de ordenação. As indústrias se multiplicam com as áreas de lavoura, pecuária e de mineração da relação de montante e as áreas de cidades e outras indústrias da relação de jusante. Com elas mais a cidade multiplica seu papel de funcionalmente integrar a serviço delas a totalidade do espaço. Mais com essa multiplicação se adensa a trama da circulação. E mais assim se integraliza a grelha de sítio-posição-situação da relação homem-meio.

O ARQUÉTIPO
E AS TESSITURAS DO N-H-E

O modelo de sítio-situação-estrutura N-H-E é o padrão de ciência que no correr do século XX se institui como discurso geográfico em todo o mundo. Forma de acomodação destinada a impedir ou minimizar a pulverização fragmentária que contém dentro de si mesmo, esse modelo se sustenta, todavia, numa espécie de arquétipo que vem das fundações originárias da Geografia.

É o arquétipo estraboniano-ptolomaico, arquitetura dos olhares e modo de ser e fazer do saber geográfico que se mantém dentro desse modelo e vem a desaparecer quando a fragmentação não mais contida avança aceleradamente. Dissolve-se, em consequência, a trilogia que compunha o esqueleto da Geografia clássica e com ele a matriz estrutural que estabelecia a forma identitária da ciência geográfica.

O ARQUÉTIPO ESTRABONIANO-PTOLOMAICO

Estrabão e Ptolomeu são os formuladores que vinculam respectivamente nos séculos I e II a definição da Geografia ao ato de olhar o mundo observando a paisagem a partir de um significado. Ver o mundo vendo-lendo o dizer da paisagem é um hábito costumeiro que tinha todo viajante da antiguidade clássica orientado por um mínimo de curiosidade. Como é com Heródoto. Mas é com Estrabão no século I e Ptolomeu no século II que ver a paisagem com o propósito de ver o mundo pelo seu significado ganha um fundamento epistemológico. Para Estrabão olhar a paisagem é perceber o mundo como um todo determinado pelo sentido da diferença. E para Ptolomeu o mundo como um todo determinado por um sentido telúrico. A superfície terrestre com sua diversidade de paisagens é o objeto do olhar, seja de um, seja de outro, mas em Estrabão para o fim de vê-la como o campo próprio da reflexão geográfica, e em Ptolomeu para o de se chegar ao conhecimento da reciprocidade de relação da Terra e do Cosmos, modo necessário para ele de se conhecer a Terra desde sua condição de planeta. São, assim, os inventores da Geografia como uma forma de olhar, o olhar geográfico, cada qual concebendo esse olhar de um modo diferente. O olhar de Estrabão é o da horizontalidade e o de Ptolomeu, o da verticalidade; Estrabão vê a superfície terrestre na sua infinita diversidade de diferenças de paisagens e Ptolomeu, como expressão espelhar das projeções recíprocas do Cosmos e da Terra. Em Estrabão a corografia terrestre é assim o tema da Geografia. Em Ptolomeu esta é um ponto de partida e de chegada. Daí Estrabão designar Geografia à forma de saber que funda. E Ptolomeu, Cosmografia, reservando à Geografia o caráter de um halo de Cartografia dentro do todo cosmográfico. O que significa ter Estrabão uma visão centrada na particularidade. E Ptolomeu, na generalidade da abrangência geográfica.

O século XVII vai fundir essas duas formas de olhar numa só. E caberá a Varenius realizar essa tarefa. O tempo é outro, e Varenius vai ter que fazer uma adaptação recíproca para reuni-las. A cosmografia geocêntrica de Ptolomeu fora substituída pela astronomia heliocêntrica de Copérnico, um ato de compreender o mundo por uma nova cosmologia, não mais a aristotélica, e nesse passo também separar a Astronomia e a Geografia enquanto formas distintas de visualização cósmica do mundo. E a corografia horizontal de Estrabão fora, por sua vez, ampliada com a descoberta de novos oceanos e continentes, alargando o espectro de diversidade das diferenças de paisagens. Assim, já não eram mais atuais seja a corografia horizontal de Estrabão, seja a corografia vertical de Ptolomeu.

Varenius incorpora à cosmografia ptolomaica a astronomia copernicana de um cosmos regido pela lei universal da gravidade newtoniana e sobre essa base atualiza seu sistema de projeção, reiterando o sentido eminentemente cartográfico – mas agora da cartografia de precisão da matemática moderna – do olhar geográfico de Ptolomeu. E incorpora ao olhar geográfico de Estrabão os oceanos e continentes descobertos pelas grandes navegações. Mas, sobretudo, funde esses dois olhares à luz do conceito cartesiano de espaço, arrolado dentro da noção empírica de espaço-tempo que se passa a ter como forma de percepção do real após a viagem de circum-navegação de Fernão de Magalhães, lançando a base cartesiano-newtoniana da Geografia moderna.

A *Geografia generalis*, que deveria ser seguida de uma *Geografia especial* como segundo volume, é a obra em que Varenius expõe sua visão. Limitada ao volume 1, com o volume 2 apenas esboçado, que ele não chega a desenvolver, morrendo aos 28 anos, é sob esse formato que a Geografia estraboniano-ptolomaica chega ao nosso tempo, influindo, se não inaugurando, a forma de representação de mundo da modernidade. Do ponto de vista epistemológico, é a obra que, a despeito de inconclusa, faz a ponte entre a fase pré-científica e a fase científica, consolidando o conceito da Geografia como uma forma de olhar significante do mundo apreendido pelas janelas da paisagem terrestre. E estabelece o duplo plano de pensar a paisagem-mundo a um só tempo pelo prisma conceitual da abstração – conteúdo do volume 1 –, que a tradição científica vai designar de Geografia Sistemática (ou Geral), e empírico-singular da sensopercepção – conteúdo do volume 2 –, que a tradição vai designar de Geografia Regional, juntando num mesmo construto discursivo espaço e superfície terrestre como categorias.

Varenius é, assim, o geógrafo que faz a passagem entre a geografia antiga e a geografia moderna. É quem dá o material do corte epistemológico da fase de representação formal para a fase de representação moderna que o pensamento geográfico vai experimentar com Ritter e Humboldt, com a garantia da concepção geográfica de Estrabão e Ptolomeu como fundamento arquetípico.

São duas formulações que, assim, não só não se extinguem como se mantêm como paradigma, embora aqui mais com o perfil ptolomaico do volume 1 e ali mais com o estraboniano do volume 2, no entrecruzado com que a partir da instituição regular do ensino universitário e escolar na virada dos séculos XIX-XX a Geografia ganha sua forma de disciplina acadêmica.

Já no século XVII fora esse o destino da *Geografia generalis*, quando Isaac Newton toma o livro de Varenius para referência bibliográfica de suas aulas de Física nas universidades inglesas, dada a visão clara e sistemática do mundo como um sistema gravitacional com que passa ao leitor. E no século XVIII, quando Kant toma-o como fonte de formulação moderna, traduza-se cartesiano-newtoniana, do conceito de natureza que busca usar como fundamento de constituição do sistema filosófico, através do magistério de Geografia na Universidade de Koenigsberg, onde a ensina por 40 anos. Fundamento de consolidação do ensino universitário da Física e elo-chave da formulação da Filosofia Crítica através da prática universitária de seus próprios criadores, a geografia vareniusiana de corte estraboniano-ptolomaico é a forma como o modo do ver-fazer geográfico entra pelas portas contemporâneas da universidade e, por meio desta, da escola e seus livros didáticos.

Há, assim, currículos universitários e livros escolares que se iniciam com uma disciplina ou um capítulo tipicamente ptolomaico, em geral o de Astronomia, com o propósito de fornecer aos estudantes as bases do conhecimento da Terra e de sua representação cartográfica, preparando-o para o estudo da teoria corográfico-estraboniana de organização espacial da superfície terrestre. Disciplina que ganha no fluxograma universitário o nome de Astronomia de Posição. E na estrutura capitular do livro didático o de uma iniciação ao estudo da Terra como planeta, cujo objetivo é introduzir os conceitos de posição astronômica, que levam ao estudo dos climas e seus conexos, e de posição geográfica, que levam ao estudo das interações/situações espaciais dos lugares. E, assim, do quadro de conceitos que vai das linhas imaginárias – a rede de coordenadas de paralelos e meridianos determinantes das latitudes e longitudes que definem o lugar preciso das coisas na superfície terrestre e dos princípios de orientação (rosa dos ventos) que complementam os fundamentos de representação cartográfica necessários a qualquer olhar que se diga e se faça geográfico – até o sítio e o combinado de sítio-posição-situação, a geografia clássica vai tornar as bases estruturantes de todo discurso geográfico.

Há currículos e livros didáticos que, entretanto, se iniciam com um começo tipicamente estraboniano. O de olhar as paisagens e os lugares por seu vínculo horizontal com outros lugares e só então situá-los no quadro da posição astronômica e da posição geográfica. Daí todo o restante do discurso – a descrição das paisagens, o vínculo dos modos de vida com as propriedades dos elementos paisagísticos, o habitat que daí resulta como forma de arranjo do espaço vivido, o caráter diferencial da cultura dos povos – saindo num nicho estruturante.

São os modos de estruturação dos discursos, como se os currículos universitários e os textos didáticos das escolas saíssem num pulo das páginas dos 17 volumes da *Geografia* de Estrabão ou das páginas dos 3 volumes da *Cosmografia* de Ptolomeu.

O ARQUÉTIPO E O PARADIGMA N-H-E

É sobre esse combinado de arquétipo e modelo N-H-E que a geografia clássica vai surgir como paradigma. E como uma espécie de junção do manual tipicamente ptolomaico que é o *Tratado de geografia física*, de Emmanuel De Martonne, e do manual tipicamente estraboniano que é o *Princípios de geografia humana*, de Paul Vidal de La Blache, dois livros científicos depois transformados em manuais de uso universitário e escolar nas instituições de ensino francesas (De Martonne, 1953 e Vidal La Blache, 1954).

O título do capítulo introdutório do livro de De Martonne é precisamente "Forma e situação cósmica da Terra", seguido de "A representação da esfera terrestre", ambos vistos como iniciação ao estudo dos capítulos que vêm na sequência, dedicados aos campos sistemáticos de geografia física setorial. E o de Vidal é "Significado do objeto da Geografia Humana", capítulo de fundo também introdutório com o propósito de costurar a unidade de conteúdo dos capítulos seguintes, ordenando a continuidade da sequência capitular até o fim. São dois livros cujos capítulos combinados se reproduzem no fluxograma dos currículos universitários e na sequência capitular dos livros didáticos das escolas. Com a diferença de que os currículos e livros didáticos sempre viveram a acompanhar e incorporar as mudanças de formulação teórica que as geografias físicas setoriais e as geografias humanas setoriais vão ganhando com o tempo.

O *Tratado de geografia física* faz o papel de substrato. A base de suporte que define o sítio e o grosso da estrutura da situação. É assim que, após rápida digressão sobre *Geofísica e geografia física*, em que depois de apresentar as camadas do planeta mostra seu vínculo necessário com as grandes paisagens de relevo da superfície terrestre, o *Tratado* entra na sequência capitular das geografias físicas propriamente ditas, começando pelo capítulo do clima. "O clima" é um longo capítulo de climatologia analítica, a linha conceptiva que forma a Climatologia de corte demartonniano. Um capítulo tipicamente descritivo e taxonômico. De Martonne segue o conceito climático de Hann, para quem o clima é o estado médio dos fenômenos físicos da atmosfera de um dado lugar, cujo estudo pede a consideração separada do que Hann-De Martonne chamam elementos e fatores do clima, por força do que o capítulo climático é dividido nas seções dos elementos (a temperatura, a pressão e a umidade), dos fatores (latitude, distribuição de terras-águas e altitude), das perturbações atmosféricas (as movimentações da atmosfera que determinam os tipos de tempo) e, por fim, dos tipos de clima. Estes obedecem à sequência latitudinal das faixas de temperatura, classificando-se em quentes, de monção, temperados, frios e polares, sequência térmica quebrada pela hídrica dos climas dos desertos da faixa subtropical, fruto justamente das perturbações, numa distribuição que simetricamente se repete quase sem variação pelos hemisférios norte e sul. Segue-se o capítulo "A hidrografia: os oceanos, relevo, temperatura, salinidade", de estudo da repartição das massas de água, as oceânicas e as continentais, que acompanham a distribuição das faixas de clima na superfície terrestre. Dividem-no as seções dos oceanos, dos mares, dos lagos e, por fim, dos cursos de água, em um misto de Oceanografia, Limnologia e Hidrografia, propriamente ditas. Não é um capítulo de hidrosfera, pois, mas de hidrografia, em que oceanos, mares e lagos são vistos por suas características próprias e as herdadas de sua posição zonal-climática (oceanos, mares e lagos nas faixas quentes, secas, temperadas e frias), e os rios, por suas características extraídas das condições climáticas e do substrato geológico. Vem, então, a seguir, "O relevo do solo", tema privilegiadamente antecipado em seus grandes recortes no capítulo de abertura, "Geofísica e Geografia Física", visto agora, porém, em sua especificidade e no detalhe. As seções dão conta disso, explicando sucessivamente as formas e técnicas de representação, os fatores, o modelado de erosão normal (o ciclo de erosão fluviopluvial), a influência das rochas, o relevo calcário, a influência estrutural e da tectônica, o relevo vulcânico, tipos e evolução, o movimento geológico e paleogeográfico, a glaciação e o regime nival, o relevo glaciário, o modelado desértico e ação eólia, as formas litorâneas, os tipos de costa. São os três capítulos do volume 1, ressaltando o de Climatologia e o de Geomorfologia, que De Martonne considera de Geografia Física propriamente dita, que se completam no volume 2 com o capítulo dedicado ao estudo da Biogeografia, que De Martonne escreve em coautoria com Auguste Chevalier e L. Cuénot, e não vê, a rigor, como um capítulo de geografia física setorial, quando muito de fronteira e diálogo da Geografia com a Biologia, acrescentado ao *Tratado* à guisa de complementação. É o que busca deixar claro na seção com que abre o capítulo "Princípios gerais de Biogeografia", tematizada como um tema de fronteira geográfica que não achou necessário mencionar quando tratou da Climatologia, da Hidrografia e da Geomorfologia, que De Martonne claramente põe nas fronteiras da Geografia respectivamente com a Meteorologia, a Hidrologia e a Geologia. Daí o misto de conteúdo das seções seguintes, tratando sucessivamente da influência dos fatores climáticos e topográficos na vida dos vegetais, da constituição do solo e suas relações com a vegetação, das associações vegetais, da ação e relações do homem com a vegetação, das regiões botânicas, dos meios biológicos, do habitat terrestre e das regiões zoológicas.

O *Princípios de geografia humana* faz a vez do andar de cima. O conteúdo humano alojado em interação com o continente físico. E é esse o tema da "Introdução", um texto em que Vidal fala do seu modo de entender a relação homem-meio ao mesmo tempo em que explica o conteúdo do livro. Após esse capítulo introdutório vem a longa primeira parte de "A distribuição dos homens no globo", aí se sucedendo os temas da distribuição populacional, da formação das densidades, das grandes aglomerações da África e da Ásia, da aglomeração europeia, das regiões mediterrâneas. Segue-se a segunda parte, igualmente detalhada e extensa, em que Vidal analisa "As formas de civilização", explicando o modo como da distribuição dos homens vê-se erguer o espaço-tempo dos grandes quadros culturais e agrários, onde se sucedem os temas da relação entre os grupos e o meio, dos instrumentos de trabalho e seu material de confecção, dos modos de alimentação, dos materiais de construção e formas das habitações, dos estabelecimentos humanos, da evolução das civilizações. Fecha o livro a terceira parte, "A circulação", menos extensa, porém mais densa, tematizando o plano da mobilidade dos grandes arranjos de espaço humano e seu vínculo com os meios de transporte, a estrada, os caminhos de ferro, o mar.

Assim, O *Tratado* e o *Princípios* se aninham em camadas para serem a referência de um combinado que se volta ao fim de formatar a estrutura de discurso que a tradição universitária e sua tradução escolar francesas vão tomar como seu paradigma de ensino. Trata-se do sistema de instituições de ensino com que a França vai responder ao catastrófico episódio da guerra franco-prussiana de 1870 e do massacre da Comuna de Paris de 1871 que vem na esteira da guerra. Derrotada e traumatizada, a nação francesa então se reestrutura. Entendendo estar no ensino da Geografia no sistema escolar uma das fontes da superioridade alemã, governo e intelectualidade do pós-guerra levam a França a passar por uma ampla fase de reordenação das instituições nacionais, incluindo as instituições de ensino, em meio à qual é incluída a obrigatoriedade do ensino escolar e universitário da Geografia. Para esse fim, é dada a Vidal a incumbência de criar o curso universitário, e a Levasseur, o escolar. Nas universidades são criadas as cátedras e nas escolas universidades, os programas que vão dar origem aos currículos e manuais de Geografia que hoje conhecemos. E, por decorrência, uma literatura geográfica em que obras de grande voo intelectual logo ganham uma versão bibliográfica de grande circulação universitária e escolar, como se deu com o *Princípios*, de Vidal, tomado de imediato como livro de uso universitário sistemático, e o *Tratado*, de De Martonne, escrito em dois volumes e em seguida resumido em um para uso de manual universitário, com o *Geografia humana*, de Brunhes, cujos três volumes ganham uma edição abreviada, o *El hombre*, de Sorre, também em três volumes, depois resumidos em um, e *A terra*, de Reclus, uma obra de Geografia Física formatada em princípios distintos dos do *Tratado* de De Martonne, depois desdobrada em capítulos autonomizados e publicados à parte em livros. É assim que a literatura geográfica ganha uma grande diversidade de formatos, com obras de grande fôlego como *A nova Geografia universal*, obra em 19 volumes, de Reclus, e *A Geografia universal*, em 17 volumes, de Vidal e Galois, apresentando e sistematizando na tradição do *Erdkunde*, obra em 17 volumes, de Ritter, e o *Cosmos*, em 5 volumes, de Humboldt, a visão geográfica dos quatro cantos do mundo.

Os primeiros questionamentos

Duas obras vão destoar desse modelo de superposição, a *Geografia humana*, de Brunhes, dissolvendo a visão em camadas numa visualidade de fatos causais, e *O homem e a terra*, de Reclus, dissolvendo-as na visualização da evolução dos fenômenos num tempo arrumado no espaço (Brunhes, 1962 e Reclus, s/d).

A *Geografia humana* é a busca de um formato mais orgânico que de sobreposição no trato estrutural dos vínculos da relação homem-meio. Seu primeiro capítulo, "Como agrupar e classificar os fatos da geografia humana?", é uma introdução voltada para o fim de apresentar as relações geográficas como um ato processual de destruição-construção do espaço dentro da relação homem-meio, segundo momentos em que o processo se distingue em improdutivo, de conquista e destrutivo, a depender do seu conteúdo, cuja culminância é o ato final de constituição do habitat humano. Após essa introdução segue a parte dos "Fatos da ocupação improdutiva do solo", apresentados por Brunhes como o momento processual de formação do combinado da casa-caminho-cidade que vai formar a grelha de arrumação básica do habitat. Vem depois a parte dos "Fatos de conquista vegetal", em que Brunhes expõe as formas pelas quais a cobertura climatobotânica original vira um conjunto de manchas de criação e cultivo. E, por fim, a parte dos "Fatos de ocupação destrutiva", modo como designa as formas pelas quais o substrato geológico-mineral vira o conjunto estrutural de vida da indústria. À guisa de aplicação Brunhes acrescenta o que chama *monografias sintéticas*, "ilhas" dadas como exemplos de habitat formado pela integralização das três ordens de fatos.

Já *O homem e a terra* é a busca de um formato de análise em que a escala do tempo é a referência, e a do espaço é a forma de existência efetiva do acontecimento. No seu dizer: "A Geografia é a História no espaço, assim como a História é a Geografia no tempo". É uma obra em seis volumes que Reclus organiza na periodicidade cronológica do tempo do historiador, os três primeiros volumes dedicados à Antiguidade e os três últimos à Idade Média e à Idade Moderna. O papel das comunidades na história e seus conflitos com as formas não comunitárias de sociedade na sequência do tempo, em particular o tempo do capitalismo, é o tema que atravessa o conjunto dos volumes. Os assentamentos de espaços e territórios onde nascem e evoluem as comunidades e as civilizações, em que comunidades e não comunidades se conflitam, é o tema dos primeiros volumes. Aí desfilam as tensões do nascimento das sociedades de classes com o surgimento do escravismo e suas formas de organização e domínios de paisagem nos diferentes pedaços do mundo conhecido. Os volumes seguintes analisam as tensões das sociedades modernas, nascidas da passagem do feudalismo ao sistema social do capitalismo, Reclus enfatizando particularmente a resistência da vida comunitária, de um lado, às pressões históricas do feudo e, de outro, às movidas pelas cidades enquanto embriões da implantação das relações do capitalismo, e no capitalismo à devastação das paisagens e a miséria da massa da população trabalhadora que, com a industrialização e a espoliação dos grupos financeiros, vai se amontoando nos bairros pobres da cidade em desenvolvimento.

São fórmulas de quebra de modelo que, entretanto, não vingam, reafirmado na continuidade por *El hombre en la tierra*, a obra a um só tempo de ruptura e continuidade de Max Sorre, que se segue àquelas (Sorre, 1961). Traçando uma espécie de reafirmação de estrutura da leitura de Vidal e recriação reestruturante da leitura de Brunhes, Sorre, após rápido excurso de introdução, que é comum a todas obras, passa ao capítulo 1, "Consistencia del ecúmeno", em que o combinado de Vidal e Brunhes se mostra mais evidente. Nele o homem e o meio são analisados à luz da distribuição dos homens e das interferências negativas e benfazejas do meio na superfície terrestre. É um momento vidaliano. Mas orienta-a a distribuição combinada de planta-água sobre a qual vai se erguer a

O ARQUÉTIPO E AS TESSITURAS DO N-H-E

sequência capitular de Sorre. É o momento brunhiano. Segue-se o capítulo "La inteligencia a la conquista del mundo vivente", tema da conquista e metamorfose do meio pela ação humana que forma o capítulo das civilizações de Vidal e de conquista vegetal de Brunhes, quase na mesma perspectiva analítica e uso dos termos. Vem adiante "La inteligencia creadora de técnicas. La industria", o capítulo inovador de Sorre com sua ênfase no poder transformador da técnica, essência da sua leitura da relação do homem e do meio no espaço e no tempo, e desde ele sempre sinônimo de técnica da moderna indústria. Em seguida, "La conquista del espacio", o capítulo da circulação, compreendida por Sorre como a vitória do homem contra os constrangimentos da distância. Depois, "La sociabilidade y el medio geográfico", retomada do conceito vidaliano de gênero de vida atualizado dos marcos agrários aos da civilização urbana e industrial moderna. E, por fim, os capítulos "Paisajes humanos (I)" e "Paisajes humanos (II) y regiones humanas", em que Sorre materializa os acumulados de complexos montados pela sequência de superposição dos acamamentos do homem e do meio nas paisagens sucessivamente reconstruídas, numa equivalência de ultimação-convergência do combinado de camadas do habitat de Brunhes.

Não se trata, todavia, de discordâncias que vingam ou acabam por se frustrar em si mesmas. De Vidal e Brunhes a Reclus e Sorre, o que varia é antes de tudo o conceito de homem e natureza com que eles lidam. As dissonâncias quanto à validade do modelo de acamamento apenas refletem isso. Daí o zelo em preliminarmente apresentar numa introdução o modo de olhar a história e o caráter do conceito de Geografia próprio de cada um. Zelo que De Martonne exemplifica claramente ao buscar pontuar na coerência com seu livro o entendimento da Geografia como o estudo da distribuição dos fenômenos físicos, biológicos e humanos na superfície terrestre, as causas dessa distribuição e as relações locais desses fenômenos. Conceito que fará história. E é a origem da ideia da Geografia como a charneira entre as ciências da natureza e as ciências do homem. É o que igualmente se exemplifica na discordância de Brunhes da leitura linear do modelo N-H-E. Para ele a base da estruturação geográfica é a ação que opõe a força "louca" do Sol e a força "sábia" da Terra, isto é, a força termodinâmica da energia do Sol (a "força louca") e a força dinâmica da energia gravitacional (a "força sábia") da Terra, numa ideia contraditória de estrutura e movimento da natureza – a mais avançada dos discursos da natureza de seu tempo e que divide os físicos em dois campos opostos – que significa uma concepção totalmente diferente do discurso de sítio de acamamento vigente. Contraponto que se complementa com a discordância do rol das categorias do que à época chamam princípios distintivos do olhar geográfico, que para Brunhes são a atividade, a conexão e a totalidade, e para De Martonne são a extensão, a totalidade e a causalidade, nessa ordem.

No fundo é uma espécie de peso de recriminação dos fantasmas de Humboldt e Ritter a olhar a trajetória dos seus sucessores, na tentativa destes de equilibrar a perna da tradição holista e a perna da quebra neokantiana. Visível no contraste do conceito de Humboldt da relação de homem e natureza como uma relação de dentro que se faz de fora, e o conceito de Sorre como uma relação de fora que se faz de dentro.

O acamamento e a fragmentação

O fato é que o modelo N-H-E é o produto agônico de uma ciência que tenta ao mesmo tempo se manter no em-si e aderir a um sistema mal enjambrado de ciências. E que nem mesmo evita o reducionismo positivista. Por baixo da pirâmide do sistema positivista das ciências está a Matemática. A mesma Matemática que está por baixo como ponte epistêmica do sistema neokantiano. Daí que por baixo do sistema setorial-dicotômico do discurso geográfico esteja a Geomorfologia, o discurso setorial mais geral e simples.

A intervenção do neokantismo vai ser no sentido de reiterar a linhagem fisicista do positivismo para o campo da natureza, levando o campo do homem para a linhagem historicista, assim dualizando as ciências em ciências da natureza e ciências do homem. Do argumento dessa separação – o homem como um ente irredutível às leis da natureza e a natureza como um ente irredutível às leis do homem – sai a base de argumento de todo o processo de fragmentação restante. Cada pedaço singular do real dá origem a uma forma de conhecimento. É assim que primeiro se fragmenta o universo da natureza, dividida em Física, Química, Geologia e Biologia. Em seguida se fragmenta o universo do homem, dividido em Sociologia, História, Antropologia, Economia, Psicologia. Mas a Matemática permanece como elo de toda cientificidade. Resta pensar essa irredutibilidade na Geografia. Como resolvê-la sem que se perca a continuidade de se ver na imagem do espelho do seu próprio fundo ontológico.

Precisamente é essa ambiguidade a trajetória da Geografia. Não por acaso repetida no sistema de ciências apenas pela Antropologia, analogamente quebrada em Física e Cultural. Há o momento positivista da Geomorfologia, tomada como o equivalente epistemológico da Matemática. E há o momento neokantiano da dualidade fragmentária, da Geografia quebrada em Geografia Física e Geografia Humana como equivalentes das ciências da natureza e ciências humanas. E o momento consecutivo da fragmentação sem fim em geografias sistemáticas setorializadas que elimina todo vestígio de fundamento ontológico. Primeiro quebra-se a natureza, pulverizada na Geomorfologia, Climatologia, Hidrologia, Pedologia, Biogeografia (Sanjaume e Villanueva, 1999). Depois, o homem, pulverizado na Geografia da População, Geografia Econômica, Geografia Agrária, Geografia Urbana, Geografia da Indústria, Geografia da Circulação e Geografia Política (Capel, 1983 e Claval,

O ARQUÉTIPO E AS TESSITURAS DO N-H-E

1974). Mas em simultâneo há também o momento da Geografia Regional, o discurso da região que na tradição integrada do estudo da relação homem-meio integraliza por síntese de acamamentos a pluralidade da Geografia Sistemática (ou Geral). É uma equação retomada da fusão vareniusiana do duplo ptolomaico e estraboniana das origens num discurso geográfico unificado. Mas que não mantém a essencialidade arquetípica que Varenius prioriza. E assim se revela uma saída epistêmica pouco epistemológica – sem ontologia não há epistemologia possível – e que só faz jogar as geografias setoriais na dependência analítica das ciências vizinhas ao obrigá-las a incorporar como suas as operações teórico-metodológicas que em verdade têm a cara ontoepistêmica destas.

A Geomorfologia é a primeira das geografias sistemáticas a aparecer. Seu nascimento é simultâneo nos anos 1890 nos Estados Unidos e na Alemanha, seguidos da França, onde encontra seu tom mais sistemático de geografia física setorial, a instâncias de De Martonne. Aí, a morfologia estrutural, enquanto filha davisiano-gilbertiana da Geologia, e a morfologia climática, enquanto filha richtoffeniano-penckiana da Geografia alemã das paisagens, se unem na Geomorfologia sistemática dos dias de hoje. Segue-se o nascimento da Climatologia, criação de Julius Hann nos anos 1890, na fronteira da Meteorologia e da Geografia, seguida por De Martonne ao sistematizá-la numa tipologia essencialmente termopluviométrica que nos anos 1910 ganha o acréscimo do contato com a Biogeografia, com Köppen. A Pedologia surge nesse mesmo contexto de tempo, criada nos anos 1890-1900 por Dokuchaev, tomando por referência o estudo dos solos da Ucrânia e da Rússia e seus vínculos de interação com as rochas intemperizadas pelas sazonalidades climáticas e a presença determinante da matéria orgânica e dos micro-organismos. A Biogeografia surge quase como uma decorrência do conjunto desses encontros, criada de início na fronteira com a Biologia, ganhando paulatinamente um fundo de cunho ecológico com os trabalhos simultâneos de Warming, dinamarquês, e Schimper, alemão, ambos com referência longínqua nos trabalhos de geografia das plantas de 1807 de Humboldt. A Hidrologia, por fim, é a última das geografias físicas setoriais sistemáticas a aparecer, vindo originariamente da fronteira da Física e da Geografia a partir dos trabalhos do engenheiro hidráulico norte-americano Horton, nos anos 1930. As geografias humanas setoriais vêm em seguida. A Geografia Econômica tem o papel inaugural, surgida com Albert Demangeon na fronteira com a Economia em torno dos anos 1900, seguida da Geografia Agrária nos anos 1920, na mesma área de fronteira, também com Demangeon, e a seguir com Faucher, na fronteira da Geografia com a Agronomia, da Geografia Urbana nos anos 1910-1920, com Blanchard, na fronteira da Geografia com a Arquitetura, da Geografia Industrial nos anos 1940, com Chardonet, na fronteira da Geografia com a Economia, e da Geografia da População nos anos 1950, com Pierre George, na fronteira com a Demografia.

|67|

O DISCURSO DO AVESSO

Cada um desses campos setoriais segue a partir daí a trajetória de um feixe de paralelas neokantista, evoluindo por assimilação com a rápida progressão que as ciências vizinhas respectivas experimentam. Cedo se levanta no plano de fundo a crítica geral da Filosofia, em seu esforço quase solitário de chamar a atenção dessa multidão de campos de saberes particulares para o erro de tentar se erguer a partir de pedaços recolhidos do real, conflitando com um real não dividido em objetos e mundos paralelos e fechados. E logo o paradigma técnico ao qual no fundo o neokantismo está ligado – a filosofia neokantiana faz parte do contexto de emergência da segunda Revolução Industrial – entra em crise, junto à chamada crise ambiental, que no fundo é o espelho da relação homem-meio estabelecida pelo combinado neokantismo-tecnicismo industrial. Mas se esse quadro generaliza o estado de dúvidas então praticamente exclusivo do campo do pensamento geográfico, faz-lhe contraponto o aprofundamento das especializações dos processos produtivos industriais, estimulando o complemento tecnocientífico da ciência fragmentária.

É assim que a Geomorfologia ganha uma estrutura mais consistente quando, nos anos 1950, Jean Tricart e André Cailleux, numa ênfase alternada à morfologia climática e à morfologia estrutural, dão-lhe um corpo teórico mais acabado e uma divulgação acadêmica mais ampla. A paisagem do relevo, mostram, é o que resulta de uma ação de oposição entre forças internas e forças externas em que as primeiras elevam e desnivelam a crosta por enrugamento e fraturamento, e as segundas rebaixam e desnivelam por erosão e sedimentação. As forças internas se relacionam à energia geotérmica que o planeta Terra guardou em suas camadas interiores do processo de origem, agindo por baixo da crosta e provocando seu traçado de acidentalização. Já as forças externas se relacionam à energia solar e gravitacional manifestas na forma dos tipos de clima que agem sobre a crosta provocando seu traçado de aplainamento. Surge, assim, a rugosidade do relevo, variável segundo o tipo de material do substrato geológico e o tipo de clima do lugar, mas agrupável em três grandes formas gerais. Desse modo, dos sedimentos acumulados nas áreas de cavidades das depressões, surgem as planícies; das superfícies de desgaste erosivo, aqui peneplanos, nas áreas de ambiente climático quente e úmido, e ali pediplanos, nas de ambiente climático quente e semiárido, surgem os planaltos; e dos dobramentos, ligados à colisão de placas tectônicas, surgem as cadeias de montanhas. Trata-se de um *continuum*, garantido pelo processo de isostasia, um campo de compensação de energia que regula e reativa em ciclos alternados a ação das duas forças tão logo uma conclui seu trabalho e abre para o reaparecimento da outra em sua oposição constante.

A Climatologia evolui segundo dois momentos que reciprocamente se negam teoricamente, distinguindo-se a fase inicial da climatologia analítica e a fase consecutiva da climatologia dinâmica. A climatologia analítica é a que surge das instâncias de Hann, e a seguir de De Martonne e Köppen, nas quais os climas são entendidos

|68|

O ARQUÉTIPO E AS TESSITURAS DO N-H-E

como uma combinação estatística de temperatura, pressão e umidade, cada um desses elementos constitutivos sendo analisados separadamente e depois unidos por seus combinados de estado médio. Vê-se a distribuição da temperatura pelas zonas térmicas do planeta e mede-se seu comportamento estatístico médio a partir da média aritmética dos extremos de máximo e mínimo de variação diária e sazonal, avaliando-se por um período de cerca de dez anos o padrão de constância anual que aí se forma. Chega-se, do mesmo modo, ao padrão de constância das formas de umidade e precipitação em suas relações de distribuição e correlação com o movimento da temperatura segundo as zonas térmicas. E sobre a base desse combinado se criam os padrões climáticos, cada tipo de clima diferindo e identificando-se pela regularidade anual de suas características de temperatura e de pluviosidade, assim surgindo a classificação analítica dos tipos climáticos. O exemplo claro é a classificação de clima de regimes essencialmente térmicos e hídricos de 1909 de De Martonne. A que Köppen vai acrescentar em 1918 uma componente botânica, sugerindo uma tipologia de clima variável na superfície terrestre segundo as condições gerais de temperatura e pluviosidade, mas tomado como referência local o tipo correspondente de vegetação. As zonas térmicas de De Martonne aí aparecem, mas com designações simbólicas de letras que Köppen usa para representar os padrões respectivamente da temperatura, da pluviosidade e da vegetação. Assim, do ponto de vista da temperatura, a superfície terrestre divide-se nos climas A (quente), B (seco), C (temperado), D (frio) e E (polar), a que se acrescem as variações f (sem estação seca), m (com pequena estação seca) e w (com grande período de estiagem) referidas a regimes de chuvas, a que se adenda uma última letra, assim surgindo os climas Af (quente chuvoso de floresta), Aw (quente de savana), BSh (quente de estepe), BWh (quente de deserto), Dfa (frio e verão quente de floresta nevada) e ET (polar de tundra), alusiva ao tipo de vegetação. A climatologia dinâmica é a que surge de um acumulado de interferências de estudos da movimentação das massas de ar que se inicia em 1735 com a teoria de células vinculadas ao efeito da rotação da Terra sobre a circulação da baixa atmosfera, designado efeito de Coriolis em 1835, de Hadley, e culmina com a teoria da circulação geral de 1856, de Ferrel, assim surgindo o modelo de circulação atmosférica de Hadley-Ferrel, cujo desdobramento é a teoria sinótica de Bjerknes, Solberg e Bergeron, a chamada Escola Escandinava, vindo a desembocar na teoria tricelular, de Rossby e da Escola de Chicago, de 1937, todas elas um misto de Física e Meteorologia, até culminar na teoria das frentes como gênese da dinâmica climática – daí a climatologia dinâmica também chamar-se climatologia genética – dos anos pós-Segunda Guerra. A análise separada dos elementos é assim substituída pela visão em seu conjunto dentro da movimentação dinâmica das frentes de massas de ar que a organização tricelular estabelece interativamente entre as zonas de temperatura da superfície terrestre. A variação barométrica ocasionada pela repartição latitudinal das faixas térmicas ao lado da distribuição de terras

O DISCURSO DO AVESSO

continentais e águas oceânicas dentro dessas faixas, forma um combinado de zonas de pressão baixa nas faixas quentes equatoriais e zonas de pressão alta nas faixas frias polares. Essas zonas de pressão quebram e repartem a atmosfera terrestre em três grandes células de circulação, ocasionando uma movimentação vertical e horizontal da circulação atmosférica centrada na intermediação da célula de Ferrel-Hardley de movimentação essencialmente horizontal da faixa subtropical das latitudes médias, de que as zonas de pressão vão ser os centros de ação e controle. Disso decorre a diversidade de formas de classificação de tipos climáticos de inspiração dinâmica, superativa das classificações de base na climatologia analítica. A mais conhecida é a tipologia referenciada nos centros de ação e controle, de Arthur Strahler, de 1956, que divide a Terra em climas de baixas latitudes (controlados pelas células relacionadas às massas de ar equatoriais e tropicais), climas de média latitude (controladas pelas células relacionadas às massas de ar tropicais e polares) e climas de alta latitude (controladas pelas células de massas polares). E que a classificação de C. W. Thornthwaite, de extração koeppeniana, de base bioclimática e apoiada na combinação dos índices de umidade e de evapotranspiração potencial, é uma espécie de forma de transição.

Mas é a evolução da Biogeografia a de maior intensidade e efeito de mudança. E a que vai impactar as demais. Ligada de início à classificação das paisagens geográficas, cujo aspecto mais visível é justamente o formado pela vegetação, ganha a seguir um sentido crescentemente mais ecológico, até rearrumar-se sobre essa base a partir do nascimento, em 1935, do conceito de ecossistema. O passo para esse entendimento é a reconceituação que leva a vegetação a ser vista como uma associação de plantas, no sentido de um todo estrutural, no fluxo do qual se traz por agregação um conjunto de termos que desde antes vinham sendo usados, mas aparecendo sem um encaixe de entendimento claro. Em 1866 Heackel cria, na influência respectiva de Darwin e Humboldt, o conceito de ecologia como o estudo das relações dos organismos com seu meio, que levado à Biogeografia vai defini-la como ciência da distribuição geográfica dos organismos, num significado de relação ser vivo-meio externo. O centramento na fisiologia vegetal em 1895 vai dar-lhe um caráter de geobotânica ecológica com Eugen Warming, e a vinculação dessa vegetação às zonas e regiões geográficas da superfície terrestre em 1898, o caráter de um corpo teórico mais sistemático com A. F. W Schimper. Um salto maior vem em 1901 com o conceito de sucessão vegetal que vincula planta e solo em seu processo de desenvolvimento, de H. C. Cowles, numa relação biótico-abiótica logo estendida em 1905 ao plano metodológico por F. E. Clements. E que em 1916 é ampliada com a incorporação da fauna pelo mesmo Clements, dando no conceito de bioma com seu respectivo sentido de unidade de recorte espacial de integração da relação solo-planta-animal. Com isso ganha contemporaneidade o conceito de biocenose, referido às relações internas das comunidades vivas e significando

O ARQUÉTIPO E AS TESSITURAS DO N-H-E

o conjunto entrelaçado dos seres vivos de um dado lugar, de 1877, de Mobius, a que se contrapõe estruturalmente o de biótopo, designativo do meio abiótico da biocenose. Clements é ainda o introdutor do conceito de vegetação clímax, o estado de equilíbrio a que a formação vegetal chega no seu desenvolvimento em sua relação de correspondência integral com seu tipo correlato de clima, no curso do qual a vegetação cresce e amadurece aí chegando ao estado de estabilidade com o clima da área. O estuário dessa sequência de combinados conceituais é o nascimento em 1935 do conceito de ecossistema, o sistema que liga os elementos da natureza numa linha de encadeamento, de A. G. Tansley. O conceito de ecossistema implica a consideração do fluxo de energia que transita entre um elo e outro da cadeia, o conceito dando e ganhando forma através do alinhamento alimentar da cadeia trófica em que os animais herbívoros se nutrem das plantas; os carnívoros, dos herbívoros; e os onívoros, de todas essas fontes. Essa conceitualização suscita, todavia, a busca de incorporação discursiva da fonte de energia originária, assim aprofundando-se a relação há tempo conhecida da planta com os elementos nutrientes do solo, desenvolvendo-se o estudo da cadeia da fotossíntese através agora de seu vínculo com a cadeia trófica, daí surgindo a teoria da ecologia como o estudo das interações biótico-abiótico. O circuito evolutivo da Biogeografia de fundo ecológico assim se completa, centrada na fusão do inorgânico e do orgânico através da qual os conceitos de biocenose e o de ecótopo surgem como as faces opostas de uma mesma moeda biogeográfica. Duas ramificações de Biogeografia assim com o tempo surgem. Uma vem na linha do entendimento como um discurso de Biologia, uma Bioecologia, de que Clements é uma expressão-chave. Outra na do entendimento como um discurso de Geografia, desenvolvida em paralelo e nutrindo-se dos elementos da Bioecologia, ao mesmo tempo em que mantém seus atributos de uma forma de geografia física setorial sistemática. A consolidação do formato geográfico vem com o conceito da Biogeografia como uma ecologia da paisagem, de 1939, de Carl Trol, e uma morfologia da paisagem, de Carl Sauer, de 1956, ganhando a formalização discursiva mais acabada com os trabalhos sistemáticos de P. Dansereau, na década de 1950.

O desenvolvimento teórico dos setores autonomizados da Geografia Humana é mais lento. Primeiro separa-se a Geografia Econômica. E esta se divide, por sua vez, em Geografia Agrária, Geografia Urbana e Geografia Industrial. À diferença das geografias físicas setoriais, que nascem de cientistas vindos de outras áreas para a refundação pós-ritero-humboldtiana – à exemplo de Richtoffen, vindo da Geologia, Hann, vindo da Meteorologia, e Trol, vindo da Biologia para fundar respectivamente a Geomorfologia, a Climatologia e a Biogeografia –, as geografias humanas setoriais saem das páginas dos clássicos, para ganhar vida própria. É uma invenção do historicismo francês, assim como a geografia física setorial é uma invenção do naturalismo alemão.

O DISCURSO DO AVESSO

A Geografia Agrária tem origem em Albert Demangeon, nos anos 1920, com feições de Geografia Econômica. Seu formato inicial é o mesmo que vemos no tratamento capitular que lhe dá Vidal, o agrário como o resultado da relação homem-meio ao redor da consecução dos meios de sobrevivência segundo os diferentes modos de vida. São seus temas da geografia alimentar à geografia das habitações, passando pela geografia da indumentária. A condição natural do meio define os tipos de cultivos e criação, assim surgindo a regionalização das culturas e sua correlação com os respectivos regimes alimentares, nos mesmos termos com que Vidal, sob a influência de Vavilov, descera aos detalhes da cultura do arroz nas áreas monçônicas do oriente asiático, da cultura das verduras e legumes no semiárido do ocidente asiático e do mediterrâneo europeu, da cultura do trigo nas áreas temperadas do noroeste europeu, da cultura das raízes e tuberosas dos trópicos africanos, da cultura do milho nas áreas quentes americanas, ao lado do pastoreio nômade das áreas secas centro-asiáticas e transumante das áreas montanhosas do sul europeu. É o meio que igualmente define o material e as formas das habitações, as de terra ou terra com adobe nas zonas áridas, de pedra nas semiáridas mediterrâneas, de pedra e madeira nas centro-ocidentais europeias e as de madeira nas florestais, com seus desdobramentos metafísicos de representação de duração do espaço-tempo, permanente no mundo da dureza da pedra, efêmera no da transitoriedade da terra e passageira no da madeira. Do mesmo modo, o tipo de material define a natureza da indumentária, umas próprias das áreas frias, outras das áreas secas e outras ainda das áreas quentes. São os atributos do meio que orientam a leitura da paisagem, com suas casas de teto inclinado e de suas águas nas áreas nevadas do norte ou chuvosas dos trópicos e de teto plano e paredes brancas das encostas secas mediterrâneas, espalhadas em meio às manchas dos cultivos e criação atravessadas pelas fitas retas ou caprichosamente sinuosas das vias de circulação segundo os detalhes do terreno. A indumentária e o trivial da paisagem, por sua vez, definem as culturas étnicas e religiosas, seus hábitos e rituais expressos no desenho do plano de fundo da pontuação saliente das igrejas no visual ao longe das cidades. Um quadro que se completa com a classificação dos habitats, dispersos ou concentrados, lineares dos vales ou abertos dos espaços planos, e forte impregnação de história. Uma mudança vem com a introdução dos sistemas de cultivos e formas de uso da terra com Daniel Faucher, nos anos 1940, e Pierre George, nos anos 1950. As classificações paisagísticas dão lugar às descrições dos sistemas de cultivo e traços técnicos dos processos produtivos, variáveis segundo o plano relacional do homem e do meio. São os tipos de agricultura-regimes alimentares, vistos agora pelo prisma das mediações técnicas. É a rizicultura inundada do oriente asiático vista como um sistema de jardinagem; a cultura de legumes e verduras do ocidente asiático vista como um sistema de irrigação; a triticultura europeia vista como um sistema

O ARQUÉTIPO E AS TESSITURAS DO N-H-E

de rotação de culturas; a cultura de raízes e tubérculos dos trópicos africanos e a policultura dos trópicos sul-americanos vistas como um sistema de queimadas; a monocultura colonial vista como um sistema de rotação de terras. É a introdução de toda uma tipologia de origem weberiana, vinda dos aportes da comissão de geografia agrária da União Geográfica Internacional (UGI), aqui batizada de *plantation* (a monocultura com sua técnica de itinerância e rotação de terra de origem colonial), ali de roça (a policultura de origem indígeno-cabocla com sua técnica de combinação de culturas de diferentes resistências sazonais dos trópicos) e acolá de cultura promíscua (a cultura consorciada de arbustos oleaginosos e frutíferos e cereais temperados do mediterrâneo europeu). E assim um quadro de mudança a que logo se acrescenta a visualização dos espaços agrários por seus planos de estrutura, o sistema de cultivos lidos como expressão mais qualitativa das questões fundiárias. As relações agrárias de propriedade, já objeto de atenção quando da criação da Geografia Econômica por Demangeon, evoluem agora sob a influência da história agrária introduzida como campo setorial dos estudos da História por Marc Bloch. Antes, talvez por nascer sob uma marca de rubrica, essas relações não são tomadas como temas da geografia agrária, só vindo a assim ser consideradas quando por influência de Bloch são elas levadas a se tornar o centro de referência estrutural dos próprios estudos dos sistemas de cultivos. É assim que agora se pode também entender a razão da passagem do sistema bienal de afolheamento do *openfield* e do *bocage* com que se organizam as relações agrárias no período feudal para o sistema de afolheamento trienal com suas unidades agrárias divididas por cercas em função do mercado capitalista. A própria mudança de sistema e de técnicas de cultivos é então agora vista como uma mudança nas formas de apropriação da terra. O que era um dado secundário assume, assim, a primazia nessa nova fase, numa mudança radical dos termos de análise e discurso agrário em Geografia, como se o olhar de naturalidade de Vidal desse lugar ao de historicidade das páginas de *El hombre y la tierra*, de Reclus, para tornar-se cotidianidade dos estudos setoriais de Geografia Agrária. São mudanças que ao mesmo tempo prenunciam a orientação para a qual mais à frente vai caminhar a própria concepção que o agrário vai ter na Geografia, ao distanciar-se cada vez mais do quadro de base natural até deixá-lo para trás nas suas considerações, numa geografia agrária que se desgarra dos fundamentos da relação homem-meio quanto mais se afasta dos antigos vínculos estruturais da leitura vidaliana e reclusiana rumo à autonomização total.

A Geografia Urbana segue uma trilha parecida. Seu ponto de origem gira ao redor de R. Blanchard, nos anos 1910-1920. Do mesmo modo que a Geografia Agrária, a Geografia Urbana de início é o que sai das páginas dos clássicos. A forma e o vínculo das casas, o desenho do arranjo das aglomerações, o formato disperso ou concentrado de sua distribuição e sua origem segundo sua função são aí temas

|73|

O DISCURSO DO AVESSO

de descrição detalhada. Ganha atenção particular o vínculo dessa origem com as linhas de interseção ambiental diferentes, como a savana e a floresta, a planície e a montanha, o oceano e o continente, ou o cruzamento das rotas de circulação dos fluxos de comércio, em geral determinantes da estrutura e da planta urbana da cidade. Um quadro que se completa na descrição da relação planta-sítio e da relação posição-situação vindas da vinculação com o substrato físico-territorial. Um grande salto discursivo vem com a introdução do enfoque da reciprocidade da estrutura interna e externa dessa planta, com G. Chabot e P. George nos anos 1940-1950, fruto do diálogo daquele com a Sociologia Urbana, em particular a teoria estrutural da Escola de Chicago, e a Arquitetura de Patrick Geddes. A cidade passa a ser vista em sua organização interna segundo as distinções funcionais dos diferentes recortes do arranjo urbano em que se combinam ou contraditam a teoria do arranjo em círculos concêntricos e a teoria do atravessamento em cunha desses círculos pelo sistema de circulação, ambas vindas da Escola de Chicago, a primeira numa linha de crescimento do centro para a periferia, numa combinação centro-subúrbio-periferia, tal qual se vê no movimento de um organismo, e a segunda do efeito do desenvolvimento do sistema de circulação que reorienta o desenho e imprime um rumo multidirecional ao crescimento territorial da cidade. Mas passa a ser vista também por sua organização externa segundo as interações que ela estabelece com o entorno rural e regional do plano imediato e com as outras cidades e suas áreas rurais e regionais de influência do plano mais amplo, também aqui intervindo de modo determinante o papel do sistema de transporte e comunicação no âmbito da circulação geral seja sobre o desenho, seja sobre o rumo direcional das interações. O todo estrutural da geografia da cidade passa por isso a ser concebido como o combinado que resulta das próprias interações interno-externas. No plano estrutural da organização interna o espaço urbano se diferencia numa área central de comércio e serviços num primeiro círculo, residencial da classe média e abastada num segundo círculo, industrial e residencial da classe trabalhadora num terceiro círculo e da periferia rural no círculo mais externo. O sistema de transporte e comunicação atravessa esses círculos, quebrando sua continuidade em setores de arrumação irregular segundo a linha de fluxo da circulação, e assim remetendo a paisagem urbana a uma sensação de falta de padrão de arranjo. Já em sua organização estrutural externa, o espaço urbano se diferencia segundo a força do equipamento terciário da cidade, o tamanho do equipamento terciário determinando o grau de sua relação de influência com o campo e a região circundante e, assim, com o campo e a região de influência das demais cidades, numa relação de hierarquia urbana.

A Geografia Industrial é criada nos anos 1950, sob instâncias de J. Chardonnet. A indústria é compreendida como a atividade nascida da Revolução Industrial e assim de maior presença orgânica da técnica. É também a de mais forte vínculo

O ARQUÉTIPO E AS TESSITURAS DO N-H-E

de interação de espaço, do que deriva ser servida por uma ampla infraestrutura territorial. Por isso, seu estudo começa pela lógica e fatores de sua localização, de que fazem parte basicamente as fontes de matérias-primas, o mercado consumidor e a oferta de mão de obra, além da presença da água numa ordem de peso variável que depende do ramo de indústria. A localização próxima à fonte de matérias-primas e de oferta de água é uma necessidade essencial da indústria pesada, como a indústria siderúrgica, ao passo que a próxima do mercado consumidor é uma necessidade da indústria leve, a exemplo da indústria têxtil. Básica ainda é a oferta abundante de energia. Um salto discursivo vem com M. Blanchard e P. George, com a introdução da leitura dos termos e dos efeitos da natureza das relações econômicas sobre sua localização e interações espaciais. O centro de referência passa a ser o peso fundamental exercido pelos meios de transferência, a interferência-chave dos meios de transporte, comunicação e transmissão de energia sendo entendida como o elo determinante de toda localização e relações interativas das áreas industriais. É assim seja com a localização da matéria-prima, como no exemplo da indústria siderúrgica, dado seu alto custo de deslocamento, seja com a localização do mercado consumidor, como no exemplo da indústria têxtil, cujos produtos têm um custo de deslocamento menor. É a busca do menor custo de transferência justamente o que leva as indústrias a se concentrar num mesmo ponto, assim surgindo desde as pequenas até as grandes regiões e complexos de concentração industrial.

A Geografia da População é a última geografia humana setorial a ser criada de forma autônoma e sistemática, surgindo nos anos 1950-1960 a partir de Pierre George. Mas, assim como as demais, sai em sua forma inicial das páginas das obras clássicas, em particular de Vidal. Todo estudo de população começa no balanço técnico da favorabilidade-desfavorabilidade do sítio natural; a distribuição territorial dos homens vem desse quadro. Daí resulta a forma de repartição dos espaços ecumênicos e anecumênicos de cada momento histórico. A população procura em princípio as áreas apropriadas e foge das impróprias à ocupação, considerado seu poder conjuntural de intervenção técnica. Restrita de início a esse referencial de análise, a Geografia da População é a seguir enriquecida pela própria sequência de trabalhos de George. A dinâmica da mobilidade espacial e estrutural passa a ser o tema do balanço analítico. O salto discursivo seguinte vem com o acréscimo do estudo do perfil da dinâmica econômica da população, a ênfase sendo levada para o peso e significado da estrutura setorial, conceito tirado da teoria econômica de Colin Clark, e para o balanço recurso-consumo em sua relação de correlação do crescimento demográfico e do estágio do desenvolvimento urbano e industrial, numa Geografia da População já colada com as preocupações ambientais dos anos 1960-1970.

A criação das geografias setoriais sistemáticas como ramos especializados repete inevitavelmente o procedimento geral estabelecido pela orientação positivista-neokantiana aos campos de ciência. Cada geografia setorial busca firmar seu âmbito fragmentário fazendo um bosquejo histórico e um acerto de fundamento teórico-metodológico próprio. O bosquejo histórico visa conferir o estatuto de autonomia que legitime seu direito a um objeto de estudo, um corpo teórico e um método que lhe dê especificidade. Vale assim para o plano interno da Geografia o que vale para o plano geral do sistema fragmentário de ciências. E isso inclui o reflexo do mimetismo com o efeito de gravidade que engole com o tempo o ramo de geografia setorial nas corruptelas de fronteira da ciência vizinha em que busca se ancorar. E a perda de referência própria que não se consegue parar.

A REAÇÃO ANTIFRAGMENTÁRIA

É assim que o esquema combinado N-H-E de De Martonne-Vidal vinga de início, mas em seguida se esfacela. Por algum tempo o esquema N-H-E se sustenta na unidade da Geografia Regional, bem como no formato mais estruturado que lhe trazem as edições dos manuais. São discursos de relação homem-meio que buscam reforçar a presença das camadas humanas em sua relação com camadas físicas cada vez mais alteradas pela fluidificação técnica da base do sítio. Acresce que o N-H-E é também uma estrutura afetada pelo avanço da própria fragmentação que lhe dá origem e assim cada vez mais arrumada sob uma forma de interligação solta que levou Yves Lacoste a chamá-lo, num comentário ácido, de um modelo de armário com gavetas taxonômicas (Lacoste, 1988).

A crítica de Lacoste tem seu endereço, todavia, na fragmentação, não no modelo de acamamento propriamente, que busca de certo modo, inclusive, reciclar através do conceito da espacialidade diferencial. A forte denúncia crítica que faz ao conceito de região, um poderoso conceito-obstáculo, como chama, diz isso, e precipita um fim que a organização do espaço em rede por si já proclamara. Ocorre que, desfeito o nó da região, as geografias setoriais sistemáticas deixam de ter o último pé de apoio de integralidade. E por fim se atomizam inteiramente.

A questão da crítica de Lacoste ao papel de nexo estruturante da região é a insatisfação teórica com o modelo de N-H-E que o tempo tornou contundente e forte. Forma já em si improvisada do modelo, a região unia as geografias setoriais sistemáticas na unidade formal do recorte do espaço, mas não organicamente por dentro das relações estruturais dos acamamentos propriamente. Além do fato de que, segmentando o mundo num paralelo de recortes, a unidade regional era como alguém olhando para o seu próprio umbigo. Já anteriormente fora feita

O ARQUÉTIPO E AS TESSITURAS DO N-H-E

uma tentativa de resolver esse dilema com o conceito de diferenciação de áreas por Alfred Hettner. Era, no entanto, uma solução de integração vinda ainda de fora e com a qual o conceito de espacialidade diferencial de Lacoste vai guardar grande semelhança. Outra tentativa veio com a teorização da ecodinâmica de Tricart e da situação de George.

Tricart parte da contradição de forças externas e forças internas para rumar sucessivamente para a montagem de um discurso de relação homem-meio como um sistema de contradições estruturais. São seus êmulos Brunhes e Humboldt. De Brunhes tira Tricart a teoria das escalas de contradições inter-relacionadas que no nível planetário opõe a força "louca" do Sol e a força "sábia" da Terra, a força "louca" do Sol respondendo pelo quadro de desordem, desarrumação e instabilidade que a energia termoelétrica solar impõe aos agregados espaciais da superfície terrestre e a força "sábia" da Terra pelo quadro de ordem, arrumação e estabilidade que a energia gravitacional traz para eles, a primeira desarrumando e a segunda rearrumando a estrutura integrada da superfície terrestre. O homem vive dentro desse campo de forças contrárias e o ativa em seu ato de destruir para construir seu espaço de assentamento, assim aparecendo a contradição de escala regional. Dentro dessa segunda, por sua vez, surge a terceira, advinda do arranjo contraditório de cheios e vazios que ele cria em sua forma desigualada de arrumação local do espaço produzido. Daí que para Brunhes o segredo é o homem saber mover-se de modo consciente dentro desse todo dinâmico. Tricart retraduz esse quadro num sistema escalar de quatro contradições. As forças internas sobrelevam e acidentam a crosta a que as forças externas respondem rebaixando e nivelando numa dinâmica processual de reconstrução contínua do modelado do relevo terrestre, assim se formando a contradição de escala planetária. O material do intemperismo gerado como subproduto desse campo de forças põe em confronto a morfogênese, que age por retirá-lo e transportá-lo para depositá-lo como sedimento nas partes deprimidas, e a pedogênese, que responde com a ação de transformá-lo num material de novo tipo, ao convertê-lo em um tipo de solo, o estado desse embate vindo a ser entregue ao poder de regulação da cobertura vegetal (fitoestasia), assim se formando a contradição de escala ecotópica local. A cadeia fotossintética que se dá na relação do solo ecotópico e da vegetação e a cadeia trófica que se dá na relação da vegetação e do plano biocenótico põem em confronto o ecótopo e a biocenose ao redor do processo de reprodução da cadeia ecossistêmica, assim se formando a contradição de escala regional. Por fim, contraditam o ecossistema e o modo de produção ao redor do processo reprodutivo da sociedade em seu plano global, assim se formando a contradição de nível nacional. A sabedoria do homem brunhiano se realça nesse quadro de contradições tricartiano ampliado num todo de relação homem-meio ainda mais globalmente integralizado. E a integralidade humboldtiana se reforça nessa função para baixo,

|77|

rumo ao ecótopo, e para cima, rumo à biocenose, da regulação de fitoestasia da vegetação tricartianamente recuperada. Vem de Brunhes a geografia das contradições e vem de Humboldt a geografia das regulações, contradição e regulação formando os elos-chaves dos movimentos globais de integralização. São as plantas que pela cadeia da fotossíntese transformam os elementos nutrientes do solo nas substâncias que elas mesmas vão fornecer pela cadeia trófica como elementos nutrientes dos animais e dos homens, garantindo a reprodução da vida e a regulação global dos fenômenos do planeta. Um ato de integralizar por baixo o inorgânico do substrato ecotópico e por cima o humano do superstrato biocenótico na unidade holista de relação homem-natureza que a ação do trabalho humano vai transformar de história natural em história social. Os circuitos internos, não o suporte externo do sítio e dos acamamentos mecânicos das geografias físicas setoriais e das geografias humanas setoriais, realizam a integralização (Tricart, 1977 e 1978).

George empreende igual caminho, mas para levar seus passos a conceber o que denomina a situação. A diversidade compósita das estruturas geográficas elenca uma pluralidade fenomênica que se combina em dois modos de agrupamento, segundo o momento processual do movimento de inter-relação. Há os fenômenos que se comportam como freios e os que se comportam como aceleradores. E é essa contradição freios-aceleradores que estrutura o movimento de conjunto do quadro geográfico. É assim que, num dado momento, o clima, ou qualquer outro componente, pode ser um freio e, num momento seguinte, um acelerador; pode estar na infraestrutura e, num outro momento, na superestrutura, migrando de estado e nível para outro segundo o curso do movimento. A dinâmica do movimento é o que importa, já que é a conjuntura dos agrupamentos que forja o estado dos momentos, não a estrutura eventualmente existente. Há, todavia, elementos que propendem mais frequentemente para o papel de frenagem, assim como outros para o de aceleração. Exercendo o papel de controle do processo do desenvolvimento, as relações de produção agem sempre como freio, ao passo que a técnica, exercendo o de motor do movimento, age sempre como acelerador; a evolução da técnica impulsiona e as relações de produção bloqueiam frequentemente a marcha para frente da história. Não há, pois, inércia, mas tensão e hegemonia momentânea de um dos lados do espectro da contradição. E marcha contínua do movimento dos fenômenos, empurrados por suas contradições intestinas. É isso que faz o sítio, a posição e a situação variar sua forma constantemente na organização espacial das sociedades. E assim as sociedades enquanto entes historicamente estruturados por suas dinâmicas de espaço. É onde George diverge da noção mais estrutural de Tricart, não havendo como de antemão se preestabelecer estados de equilíbrio-desequilíbrio, como na tipologia de meios estáveis, intergrade e instáveis, de Tricart, a conjuntura processual do movimento determinando o que se vai ter de freio e acelerador a cada momento (George, 1973).

O ARQUÉTIPO E AS TESSITURAS DO N-H-E

Todas essas teorizações – a diferenciação de áreas de Hettner, a integralização fitoestásica pela esfera intermédia da vegetação de Tricart e a dialética das situações de George – são formas de discordância do modelo piramidal do N-H-E, sua articulação vertical a partir de baixo do sítio, sua síntese por acomodação da região. Um esforço de superação da episteme ambígua que desde o primeiro instante incomoda os clássicos e vai ter continuidade na teorização do nexo axial dos debates dos anos 1970.

É assim que David Harvey prioriza num primeiro momento a renda monetária; Milton Santos, a formação social; Massimo Quaini, a renda territorial; Edward Soja, a espacialidade; Y-Fu Tuan, o pertencimento; Yves Lacoste, a espacialidade diferencial. A justiça distributiva territorial é em seu momento inicial o nexo estrutural de Harvey. Um arranjo que, distribuindo de forma mais equânime as fábricas e empresas no espaço urbano, amplia as oportunidades de emprego, reparte de forma melhor o sistema de circulação, traz a presença mais intensiva das acessibilidades, gera uma forma indireta de salário para a população de renda baixa e, ao fim, propicia uma relação homem-meio ambientalmente melhor administrada na cidade. A formação espacial é a de Milton Santos. O modo de produção da sociedade é o modo de produção do espaço, a sociedade produzindo-se ao produzir o espaço e o espaço produzindo-se ao produzir a sociedade; sociedade e espaço surgem de um ato de produção que os faz uma só formação social, do que deriva uma relação de espelho entre estrutura da sociedade e estrutura de espaço que se estende organicamente a todos os planos de organização da totalidade, da relação homem-homem à relação homem-meio numa integralidade da escala societária. A renda territorial, a de Quaini. O caráter da relação de valor ordena o caráter da relação homem-meio, espelhando os termos histórico-estruturais da relação homem-homem. O valor de uso ordena uma relação homem-homem de cunho comunitário que se transporta nesses termos para a relação homem-meio, ao contrário do valor de troca, que engendrando uma relação de mercantil homem-homem se transporta como relação de mercado para dentro da relação homem-meio, a história assim diferenciando as sociedades em sociedades naturais, as de estrutura ecológico-territorial ordenada no valor comunitário de uso, e sociedades históricas, as de estrutura ecológico-territorial ordenada no valor capitalista de troca. A espacialidade, a de Soja. As relações societárias são função das escolhas dos sistemas de distribuição e arranjos de espaço, numa reciprocidade de sobredeterminações. O pertencimento, a de Tuan. A relação homem-entorno se orienta pela reciprocidade de mútuo reconhecimento, o homem vendo-se biograficamente no entorno e vendo o entorno biograficamente nele, numa relação humanística de meio. A espacialidade diferencial é, por fim, a de Lacoste. As camadas da relação geográfica se organizam em planos de entrecruzamento. Cada camada é um conjunto espacial, havendo assim o conjunto clima, o conjunto solo, o conjunto relevo, o conjunto vegetação, o conjunto população, o conjunto agricultura, o conjunto pecuária, o conjunto indústria, o conjunto circulação, e assim sucessivamente, essa obliquidade de entrecruzamentos resultando no todo da paisagem. A paisagem é, então, o olhar do conjunto espacial tomado por referência, cada ângulo de olhar dando numa paisagem distinta. Como num caleidoscópio. É isso, portanto, para cada qual, o meio. Paisagem e meio, e assim a relação homem-meio na sua integralidade se confunde com seus nexos de estrutura enquanto campos de significação.

É o espaço, entretanto, nominado aqui e ali de formas diferentes, esse nexo estruturante. É ele o conceito que está no centro do discurso da justiça territorial distributiva de Harvey, da formação espacial de Milton, da renda territorial de Quaini, da espacialidade de Soja, da relação de pertencimento de Tuan, da espacialidade diferencial de Lacoste. Estamos na terceira fase de definição da Geografia. Daí naturalmente ser ele a categoria-chave de George a Harvey e Milton Santos. E já antes, o tema por trás das teorias de localização do período da Geografia Teórico-Quantitativa, que vai fazer a transição entre os anos tricartiano-georgianos de 1950 e os anos pluralizados de renovação de 1970 (Moreira, 2007 e 2009b).

A GEOGRAFIA MODERNA
E OS VETORES INSTITUCIONAIS
DE SUA ORIGEM

Desde Estrabão e Ptolomeu a Geografia é matéria de intensa circulação e tratamento bibliográfico. São longas e detalhadas as descrições de povos e territórios feitas por Estrabão nos 17 volumes de sua *Geografia* com a finalidade de mostrar o mundo como uma imensa diversidade de diferenças de culturas e modos de vida. E cujo conhecimento é a chave para a afirmação consciente de parte de cada povo de sua especificidade cultural e societária internamente, e em seu convívio com os outros povos. E não menos longas e detalhadas e com o mesmo propósito de autoconstrução de sociabilidades estáveis cultural e sociopoliticamente, mas com o reforço claro da visibilidade cartográfica, são as de Ptolomeu nos volumes de sua *Cosmografia*.

É essa concepção de retrato claro e visível da ordem do mundo do discurso geográfico de Ptomoleu, aqui secundado por Estrabão, que faz da Geografia o prisma do olhar agostiniano da Alta Idade Média e tomista da Baixa Idade Média sobre o todo do Cosmos, a exegese geográfica fazendo o elo de ligação da Bíblia com a população mais ampla, via popularidade de suas metáforas espaciais.

E é essa visão atualizada por Varenius aos termos das novas ideias filosóficas e científicas e da incorporação do mundo ampliado pelas grandes navegações e descobertas que faz a *Geographia generalis* ser o elo de passagem da fase pré-científica para a fase científica moderna do pensamento geográfico.

Uma diferença substantiva distingue, todavia, a Geografia moderna e a Geografia antiga, e esta vem da presença essencial das instituições na determinação do seu lugar, papel e formato de ciência. Trata-se do papel das Sociedades de Geografia, do ensino escolar e dos departamentos universitários (Sodré, 1976; Capel, 1983).

AS SOCIEDADES DE GEOGRAFIA

As sociedades de geografia são instituições que cumprem o papel-chave de socializar para um público cada vez mais amplo o conhecimento de mundo ampliado seja no plano abstrato das concepções de espaço e tempo que vem junto com as novas formulações filosóficas e científicas da modernidade, seja no empírico da percepção desse mesmo espaço e tempo que vem com as viagens de circum-navegação que se sucedem desde a viagem de Fernão de Magalhães, e a sucessão de registros e relatos visuais e escritos do mundo ampliado pelos viajantes e naturalistas que desde então se multiplica por todos os continentes.

Dois momentos, todavia, distinguem as formas de atuação dessas sociedades. Há o momento do longo período dos séculos XVI ao XVIII de alteridade europeia via relatos de viajantes e naturalistas em suas viagens ao novo mundo. E há o momento do século XVIII em diante de intervenções e partilhas dos territórios e povos dos novos continentes em domínios europeus.

A primeira fase das sociedades de geografia é o período de forte mesclagem de naturalistas, aventureiros, sacerdotes, militares e estudiosos de variado matiz ao redor do propósito de criar e trazer ao plano sistemático do olhar descritivo-cartográfico o conhecimento geográfico desses povos e lugares do novo mundo. Seu momento de auge é o período da segunda metade do século XVIII e primeira do século XIX marcado pela imensa corte de naturalistas que viajam pelos novos continentes recolhendo e trazendo imensa massa de informações botânicas e geológicas para sistematização no continente europeu. A segunda fase é o período da organização mais metódica dessas Sociedades, voltadas para o uso dos conhecimentos já amplamente sistematizados para os fins comerciais e industriais que alimentam o interesse europeu agora mais estritamente econômico do contato com esses territórios. E seu momento de auge é o período da segunda metade do século XIX e primeiras décadas do século XX marcado pela implantação da divisão de trabalho e de trocas que ordena os novos continentes em grandes inscrições de mercado e os transforma em imensas retaguardas do desenvolvimento industrial europeu.

A década de 1870 é o marco de passagem dessas duas fases. E que tem na transformação das sociedades londrina e parisiense uma típica ilustração. Fortemente voltados para o mapeamento do continente africano, grupos de organização e financiamento estimulam a realização de diversas expedições à região do centro do continente, acumulando com o tempo um volume extraordinário de conhecimentos das terras e povos dessa parte da África que acaba por estimular um alargamento das expedições para as demais partes, até o mapeamento das diversas regiões continentais como um todo. A necessidade de sistematizar essa massa de conhecimentos leva a se criar em 1788 a African Association for Promoving the

A GEOGRAFIA MODERNA E OS VETORES INSTITUCIONAIS

Discovery of the Interior Parts of Africa. São conhecimentos que vão se completar com viagens particulares ou financiadas por esses e outros grupos pelas regiões de outros continentes, que ao fim forjam o desenvolvimento ímpar que experimenta na Inglaterra o desenvolvimento da História Natural, em que vão se destacar Charlles Lyell no combinado com Geologia e Charlles Darwin no combinado com a Biologia e formar a dianteira científica inglesa, já antes garantida pela criação da Física por Isaac Newton. Coincidindo com a primazia da Revolução Industrial que se dá entre 1760 e 1840 e que põe a Inglaterra na dianteira econômica da Europa e do mundo, a transformação dessa massa de conhecimentos em fortes ramos de ciências da natureza leva a African Association a transformar-se em 1830 na Royal Geographical Society of London, marcando a grande virada na trajetória das sociedades de geografia. Acompanhando de perto a trajetória inglesa, cria-se em 1821 na França a Sociedade Geográfica de Paris, marcada por uma evolução mais lenta da passagem da fase das viagens e expedições à fase de sua conversão em campos científicos que vai levá-la a só efetivamente se institucionalizar como Sociedade de Geografia em 1860. Em uma situação histórica parecida, cria-se em Berlim em 1808 um núcleo de aglutinação de interessados em assuntos de Geografia, que em 1830 vai se transformar na Gesellsshaft für Erdkunde zu Berlin, inaugurando a fase de expedições e pesquisas no transcurso do século XIX e primeiras décadas do século XX que vai transformar a Alemanha no grande centro de desenvolvimento dos ramos de ciência da natureza, de que Humboldt e o romantismo filosófico são expressão.

A evolução do conhecimento científico, e dentro dele o geográfico, acompanha, pois, esses dois momentos. Há o momento que, seguindo a terminologia epistêmica de Foucault, podemos chamar o período da representação clássica e o momento que podemos chamar o período da representação científica, as duas fases das sociedades de geografia correspondendo ao salto epistemológico que então ocorre nas ciências. Não por acaso, Ritter é desde a inauguração o presidente da Sociedade de Geografia de Berlim e Humboldt é um dos presidentes da fase de consolidação da Sociedade Geográfica de Paris, ambos morrendo em 1859, e ambos emprestando o prestígio de seus nomes à tarefa dessas sociedades de transformar em conhecimento sistemático a massa de dados a ela chegados ao longo dos séculos de expedições.

Até a década de 1870 é essa atividade de estimular-organizar-orientar e classificar-sistematizar-conceitualizar em conhecimento ordenado os resultados das expedições a função das sociedades. São práticas que vão da catalogação à sistematização dos relatórios e registros de viagens, organizando expedições e apresentação pública dos resultados dos seus trabalhos de investigação científica pelo mundo. Foi assim com Humboldt, em sua viagem pelas Américas, entre 1799 e 1804, e depois pela Europa Central e pela Rússia, em 1829, e a organização da apresentação pública dos resultados de suas viagens aos cientistas parisienses

|83|

pela Sociedade de Geografia de Paris. E também assim com Darwin, em sua viagem pelas Américas, nesse mesmo período, pela Sociedade Real de Geografia de Londres. É o período científico das Sociedades. A fase em que, depois de apresentados, consensualizados e sistematizados em teses científicas, os trabalhos são publicados em revistas, livros e disponibilizados em bibliotecas mantidas pelas próprias sociedades.

A partir dos anos 1870 as sociedades mudam de orientação, desvinculando-se paulatinamente da tarefa de fazer ciência para a de subsidiar os projetos de conquista e domínio de territórios pelas grandes corporações de indústria e comércio por meio de seus Estados. A Conferência Internacional de Geografia, de 1876, convocada pelo rei belga Leopoldo II junto às sociedades de geografia para decidir a partilha da África, é seu marco inaugural (Moreira, 2009a). Cessa o período de auge científico de 1840-1850. E inicia-se o de auge imperialista de 1870-1920. É assim que as atividades de formulação metodológica de realização dos trabalhos de investigação, produzidas pela comunidade científica em seus balanços internos das experiências de expedições e viagens e passadas aos naturalistas como orientação para as expedições e viagens seguintes – e que vão significar os primeiros ensaios de teoria e método da ciência natural e humana moderna –, são substituídas agora pela de formulação de metodologia de conhecimento linguístico-cultural como caminho de abordagem de conquista territorial e econômico-comercial dos povos. Uma imensa multiplicação de produção cartográfica, de metodologia de elaboração igualmente saída da primeira fase, e agora balizada pela concepção e linguagem de logística militar, tem então lugar, bem como a realização pelas sociedades de cursos destinados a formar comerciantes, estadistas e militares no mister da intervenção econômica, apoiados na criação de um departamento de cartografia e um departamento de geografia comercial que juntos coabitam as instalações das sociedades institucionalmente.

A GEOGRAFIA COMO PROFISSÃO

Um salto paralelo se dá na trajetória da Geografia com o nascimento da geografia de corte universitário, como se a ciência nascida dentro do primeiro período migrasse para desconectar-se e se pôr em campos opostos nesse segundo período das sociedades de geografia.

A geografia universitária já se fazia presente no primeiro período das sociedades de geografia. Entre 1756 e 1796 Kant leciona Geografia na Universidade de Koenigsberg, numa atividade de magistério só interrompida pouco antes de sua morte em 1804. Em 1820 cria-se uma cátedra de Geografia na Universidade de Berlim, que

A GEOGRAFIA MODERNA E OS VETORES INSTITUCIONAIS

vai ser ocupada por Ritter. E desde seu retorno, em 1827, Humboldt desempenha atividades de magistério na Universidade de Berlim. É a partir de 1870, entretanto, que a maioria das universidades cria cátedras de Geografia na Alemanha, na França, na Inglaterra. De três cátedras existentes em 1870, em Berlim, Göttingen e Breslau, a geografia universitária alemã se amplia para estar presente em 1890 em praticamente todo o sistema nacional de ensino universitário, multiplicando-se rapidamente em 20 anos. A progressão francesa é mais lenta, mas se dá igualmente nesse período. O mesmo ocorrendo com o sistema universitário inglês.

São três contextos nacionais distintos em seus caminhos e ritmos de progressão, mas nos quais muda o modo de pensar e fazer o discurso geográfico, marcando o nascimento da Geografia como profissão.

Isso significa dizer ter-se tornado ela um campo de atividade especializada de um profissional nela especializado. Não é o perfil antes existente. Forma de olhar o mundo desde Estrabão e Ptolomeu através do prisma corográfico da paisagem, Estrabão na ordem da horizontalidade e Ptolomeu da verticalidade da projeção céu-terra, a Geografia ainda assim circula e é vista dentro das sociedades de geografia. Já na Antiguidade a Geografia divide com a História – motivo de se entender Heródoto como criador seja de uma, seja da outra – a tarefa do ver-dizer o que se vê, a Geografia na função da descrição e a História da narrativa, mas nem uma nem outra agindo como campo isolado de especialização e de especialistas. É assim que do mesmo modo divide no âmbito das sociedades de geografia a tarefa da descrição do mundo natural-humano circundante com a História Natural, cabendo à Geografia a descrição estrutural das interações distributivas e à História Natural a descrição estrutural das interações temporais dos fenômenos nas paisagens. Daí este aspecto de templo de saberes sem fronteiras das sociedades de geografia.

A divisão técnica de trabalho da Revolução Industrial quebra essa coabitabilidade indivisa. E impõe aos saberes o formato de campos distintos e paralelos que o pensamento filosófico vai sistematizar num sistema de ciências, primeiro do positivismo e em seguida do neokantismo. Finda o período dos saberes que se distinguem como formas de olhar e inicia-se o período dos saberes que se distinguem como campos parcelares. Assim, separam-se a História Natural e a História Humana. A Geologia e a Biologia se individualizam e saem da História Natural para formar campos específicos. E surgem tantos campos de saber e funções profissionais especializadas quantos são os campos de produção e saber especializados do mundo da indústria.

Só aos poucos a Geografia vai acompanhar esse movimento de parcelização do pensamento, envolvida até a virada do século com a função ainda de descrever as paisagens e mapear os povos e territórios, apostando na tradição do discurso corográfico com que nascera e se popularizara. Daí que o momento de auge da fragmentação parcelar no mundo geral do conhecimento é o momento de auge da teorização holista

O DISCURSO DO AVESSO

de Humboldt e Ritter no mundo do conhecimento geográfico, ambos expressando a reação romântica ao pensamento fragmentário. E ambos na função do magistério da prestigiada Universidade de Berlim. É com a reforma do sistema de ensino e a exigência do ensino obrigatório da Geografia nas escolas imposta pelo próprio desenvolvimento da indústria que o pensamento geográfico vai se ajustar ao paradigma de profissionalização em curso.

O modelo é o sistema de ensino alemão. Berço do nascimento da Geografia moderna, onde, forçada em grande parte pela necessidade de se fundamentar com argumentos a mobilização crescente do povo e da elite dirigente pela unificação dos territórios dos vários principados num só Estado nacional, a Geografia se desenvolve como ciência desde o século XVIII. A Alemanha é a primeira nação a originar um naipe extraordinário de geógrafos. Divide-os o critério dos termos espaciais de demarcação da unidade alemã, alguns argumentando com os recortes de região física e outros com os recortes de região política. A busca do fundamento dessa argumentação leva a Geografia alemã a dedicar-se precocemente, em relação ao momento evolutivo da ciência geográfica nos demais países do continente europeu, à pesquisa empírica, assim nascendo o campo da geografia pura e o campo da geografia estadística, ambas de fortes raízes científicas. A geografia pura preconiza tomar os traços de divisores do relevo ou de limites das paisagens naturais e a geografia estadística, os traços políticos como critérios fronteiriços. São debates acesos em que se envolvem Leyser, Buache, Gaterrer, Garland, Zeune, Plewe e, sobretudo, J. H. Foster, formadores de um quadro de ciência geográfica que os outros países só mais tarde virão a conhecer (Tatham, 1959).

Um grande empurrão vem em 1839 quando o Estado Prussiano torna obrigatório toda criança com menos de 9 anos frequentar regularmente a escola. Logo essa norma se generaliza para todos os principados, nos quais o ensino primário vira um lugar corrente em 1860. A necessidade de aumentar o número de mestres habilitados ao exercício do magistério escolar logo leva a ter de se criar um sistema de formação universitária de professores, aumentando junto ao número das escolas o número de universidades em toda a Prússia, numa integração sistêmica de ensino que em 1870 se institucionaliza num mesmo padrão de conteúdo para toda a Alemanha. Um elenco de disciplinas é então reunido para formar a grade escolar nacional, dentre as quais se encontra, junto à língua nacional, à História e à Filosofia, a Geografia. É decisiva aqui a influência de Pestalozzi, de onde vem a formação originária de Carl Ritter, com sua visão pedagógica de ensino que combine contato direto com a natureza e escala espacial de conhecimento que leve o mundo a ser compreendido numa progressão em crescendo do local ao Cosmos. Daí que para o ensino se vá pedir como formação básica Latim, Alemão, Francês, Inglês, Física, Química, Matemática, Desenho e Geografia, numa ampliação da grade.

|86|

A GEOGRAFIA MODERNA E OS VETORES INSTITUCIONAIS

O efeito sobre o campo específico da Geografia é imediato. Há que se resolver, entretanto, um problema em parte esperado. Após a morte de Humboldt e Ritter, há um período de quase duas décadas de vácuo de geração na formação da comunidade dos geógrafos alemães. A mudança do paradigma de ciência que vem com a troca do naturalismo holista do romantismo filosófico, que Humboldt e Ritter expressam em suas obras, pelo naturalismo mecanicista da filosofia neokantiana positivista – vai ter pouca influência a tentativa do naturalismo organicista que Ratzel vai buscar na sociologia spenceriana de matiz darwinista – está entre as suas causas maiores. O conhecimento fragmentário da natureza se alarga na Alemanha nesse intercurso de tempo amplamente. E isso obriga ao preenchimento das cátedras de Geografia que então se ampliam pelas universidades alemãs com cientistas vindos das mais diferentes áreas: Georg Gerland vem da Filologia, Theobald Fischer da Botânica, Hermann Wagner da Matemática, Firedrich Ratzel da Zoologia, Ferdinand von Richthoffen e Albercht Penck da Geologia, poucos como Friedrich Hann e Otto Krümmel vindos da Geografia. É a senha para a especialização fragmentária, de resto um padrão acadêmico já característico da pesquisa e do ensino universitário alemão. Entre 1870 e 1890 a geografia universitária assim aparece e se expande rapidamente, emergindo, sob esse aspecto de um múltiplo epistemologicamente desarticulado, com o rol de problemas que merecerá de Ernst Plewe, um herdeiro direto de Ritter, em seu texto *Carl Ritters Stellung in der Geographie*, um estudo vazado de preocupações com o futuro da Geografia alemã. Uma lista de especialistas, mas não menos numerosa que a anterior, vem assim a formar a base do que doravante será o perfil da escola alemã de Geografia: Oscar Peschel ocupa a cátedra de Geografia da Universidade de Leipzig criada em 1871, Alfred Kirchhoff da Universidade de Halle em 1873, Ferdinand Richthoffen da Universidade de Bonn em 1875, Georg Gerland da Universidade de Strasburg em 1875, Hermann Wagner da Universidade de Koenigsberg em 1876, Johan Justus Rein da Universidade de Marburg em 1876, Theobald Fischer da Universidade de Kiel em 1878, Rudolf Credner da Universidade de Greifswald em 1881, Albrecht Penck da Universidade de Viena em 1886 e logo a seguir da Universidade de Berlim, para a qual depois se transfere Richthoffen, Friedrich Raztel da Universidade de Leipzig em 1886, Alfred Hettner da Universidade de Heidelberg em 1890. Vindos de diferentes campos, muitos desses geógrafos passam a atuar em suas cátedras em áreas distantes de suas origens, nelas vindo a criar novos campos de geografia acadêmica: Gerland vai especializar-se em Sismologia; Hann, em Climatologia; Richthoffen e Penck, em Geomorfologia; Fischer, em Geografia Regional do Mediterrâneo. Mas também suscitam a formação de uma forte literatura voltada para as questões de fundamento, aqui se destacando teóricos como Hettner, que, na linha de Plewe, buscam entronizar ao redor de algum conceito-chave a multiplicidade de fragmentos em

O DISCURSO DO AVESSO

que a Geografia alemã ficara dividida, encontrando no conceito humboldtiano de paisagem o ponto de equilíbrio, de que vai resultar a geografia alemã da paisagem, nome com o qual, ao fim e ao cabo, a partir dos anos 1920 a geografia alemã universitária acabará por ficar conhecida.

Na França o processo é diferente. A constituição autônoma quase imediata da História põe-na na dianteira na montagem do sistema de ensino escolar em relação à lenta solução epistemológica que para si vai encontrar a Geografia. Desde a revolução de 1789 tanto o ensino elementar quanto o ensino secundário têm forte presença no sistema institucional francês, adquirindo um papel de importância que os leva já em 1837 a estar implantados em todo o país. Os conteúdos de Geografia são aí ensinados, mas são parte dos programas escolares de História e lecionados pelos professores dessa disciplina. O quadro muda em 1870. A derrota francesa na guerra franco-germânica nesse ano e o mal-estar nacional criado pelo massacre da Comuna de Paris no ano seguinte levam o país a um período de reformas institucionais que inclui uma ampla mudança no sistema de ensino. A constatação do papel da escola no preparo militar das tropas alemãs e o estado de atraso do sistema escolar francês são o ponto de partida. E é no sistema alemão que a França vai buscar os elementos de reforma do seu. Como parte dessa reforma, o ensino de Geografia ganha novo formato. Cria-se um programa próprio e autônomo de ensino da disciplina na escola e na universidade. E sob esse impulso a geografia universitária é levada a dar um enorme salto. Até então as cátedras de Geografia são ocupadas por historiadores. A Geografia transita ainda pelos canais da Sociedade de Geografia de Paris, de onde saem os geógrafos mais conhecidos, como Malte Brun. E o forte da literatura geográfica, voltada para o uso escolar e geral do público francês, é ainda a descrição das terras e dos povos com claro fundo de narrativa histórica das descobertas. Quando em 1848 é criada na Sorbonne a primeira cátedra, esta é ocupada pelo historiador Auguste Himly. E cabe a ele e a Émile Levassuer, outro historiador, o levantamento em 1872 do estado do ensino da geografia escolar no país e a proposta de criação do novo programa.

O novo programa escolar de Geografia é introduzido em 1874. Variando de um contexto provincial para outro, de um modo geral é um programa dividido em três áreas de conteúdo: a Geografia Física, a Geografia Política e a Geografia Econômica. Concebem seus autores que a parte de Geografia Física visa fornecer o conhecimento da base de todos os demais conhecimentos geográficos. A da Geografia Política, o conhecimento dos processos históricos que orientam o papel da base física na formação geográfica dos países. E a da Geografia Econômica, o conhecimento relativo à população e às atividades econômicas enquanto aspectos complementares da especificidade dos lugares. São três áreas de conteúdo que devem, todavia, convergir para o fim de por intermédio delas realizar-se o traçado do quadro global da relação

|88|

A GEOGRAFIA MODERNA E OS VETORES INSTITUCIONAIS

homem-meio, que se entende como o plano axial do discurso geográfico. O programa do ensino secundário dá desdobramento a esse programa do ensino primário, esmiuçando-se a parte física com o detalhamento dos aspectos do relevo, do regime das águas continentais e oceânicas e do clima, a parte política com os da evolução humana, da geografia histórica do território e do sistema administrativo e a parte econômica com os da população, da agricultura, da produção mineral, da indústria e das vias de comunicação.

Tal como se dá no contexto alemão, essa mudança no sistema escolar impacta fortemente o sistema universitário, levando no campo da Geografia a uma forte e rápida multiplicação dos quadros e das cátedras universitárias. A carência de quadros para a composição dessas cátedras logo se faz notar, resolvendo-se, à diferença do contexto germânico, com a chamada maciçamente de historiadores e geólogos, acrescidos de topógrafos: Auguste Himly, Émile Levausseur, Paul Vidal de La Blache, Bertrand Auerbach e Étienne Émile Berlioux são historiadores, ao passo que Albert Lappparent, Emannuel de Margerie e Charlles Velain são geólogos, e Ludovic Drapeyron é topógrafo. Uma *démarche* vai assim presidir a instituição do perfil da geografia universitária francesa. Unem-se historiadores e geólogos ao redor da recusa da criação de cursos e cátedras propriamente autônomos de Geografia, pressionando pela quebra das cátedras e dos cursos em duas partes, a de Geografia Humana, a ser incorporada aos cursos de História nas faculdades de Letras, e a de Geografia Física, a ser incorporada aos cursos de Geologia nas faculdades de Ciências Naturais. A eles se opõe um grupo vindo das duas fontes, fortemente centrado em Marcel Dubois e Paul Vidal de La Blache, ambos historiadores e ocupantes de cátedra na Universidade de Paris, que advogam o cunho integrado de relação homem-meio da ciência geográfica e assim o absurdo da proposição de dividi-la em duas partes e alocá-las em lugares departamentais distintos, com o significado de dissolução da própria Geografia como discurso cientifico e disciplina de ensino universitário. Parte dos historiadores o argumento de serem os aspectos geográficos uma base – referem-se aos elementos de Geografia Física – do desenrolar da história humana, assim justificando-se sua inclusão nos cursos de História. E dos geólogos, de esses elementos serem no fundo um desdobramento dos estudos geológicos, justificando sua inclusão nos cursos de Geologia. A posição de Dubois e Vidal tem reforço na defesa de Drapeyron, sustentada pela Sociedade de Topografia de Paris, por ele criada para esse fim, da organização dos fatos geográficos a partir de sua base topográfica, suporte que lhe dá um claro e preciso perfil de unicidade homem-natureza. Prevalece, por fim, o projeto da constituição unitária e autônoma. A que prontamente responde a multiplicação de cursos e cátedras que, tomando o modelo curricular da Universidade de Paris, onde lecionam Dubois (então catedrático de Geografia Colonial) e Vidal, consolidam no perfil vidaliano rapidamente entre 1880 e 1900 a geografia universitária pelas províncias do país: Paul Vidal de La Blache ocupa a cátedra da Universidade de Paris; Emannuel De Martonne, da Universidade de Rennes; P. Camena d'Almeida, da Universidade de Bordeaux; Lespagnol, da Universidade de Lion; Jean Brunhes, da Universidade de Friburgo, na Suíça.

A ORIGEM DA GEOGRAFIA QUE SE FAZ E SE ENSINA

A ciência atual é, assim, um produto da universidade. Nos primórdios a ciência é um produto das necessidades práticas da vida. O cotidiano se resolve nas práticas espaciais. As práticas espaciais se traduzem em saberes espaciais. E a generalização supralocal leva as práticas e saberes espaciais – atividades de caráter geograficamente localizado – a se transformar na ciência geográfica. É assim que historicamente nasce em tese a Geografia. E pode-se pensar nesses mesmos termos o nascimento das demais ciências. Se priorizarmos a generalização dos hábitos e costumes provindos das práticas e saberes espaciais, temos aí a Antropologia; se as relações sociais que se convertem na estrutura global da sociedade, a Sociologia; se os valores contábeis que definem os custos e benefícios da geração de utensílios e meios, a Economia; se as formas de existência brotadas das determinações dessas práticas e saberes, temos então a Geografia. É um critério de gênese, genealogia e classificação. E com base nele de pensar a origem da Geografia no seu nascedouro com Estrabão e Ptolomeu. A coerência lógica pode categorizar muitos outros critérios. Mas as necessidades da vida são o fundamento lógico da origem de todo conhecimento humano na história. A ciência moderna tem, no entanto, outras referências. E por trás destas estão as *démarches* e embates das necessidades institucionais da docência da universidade.

Há uma lógica, entretanto, que preside essa criação. A lógica que vincula em cadeia as necessidades da criação universitária às necessidades da divisão industrial do trabalho. É a especialização da indústria que cria a especialização do trabalho; a especialização do trabalho, a forma da profissão; a forma da profissão, o curso universitário; e o curso universitário, a ciência universitária, que a *inteligentsia* acadêmica irá sistematizar e sacramentar em discursos de teoria e método de ciência acadêmica, à espera de que a necessidade da produção e mercado do mundo da indústria referende, ou não, como forma de saber. Pode-se explicar nesses termos a divisão infinda da ciência numa pluralidade de formas de conhecimentos parcelares que o discurso piramidal do positivismo ou o dicotomizado do neokantismo inventa e que o modelo de sociedade vigente legitima. Basta pinçar-se teórica e metodologicamente do real sistêmico um recorte da divisão técnica do trabalho com raiz de vinculação possível com um fragmento do meio, e está pronta uma nova

A GEOGRAFIA MODERNA E OS VETORES INSTITUCIONAIS

área científico-acadêmica. Depois inventa-se uma epistemologia correspondente. Como num processo de recombinação química.

É sob essa base de critério que a Geografia nasce e se consolida em sua face contemporânea. E o fundo de motivos do quadro de acerbo confronto de conteúdo e objeto de estudo que inesperadamente se verá a travar com o espectro de olhares que há pouco dividia com o seu o convívio intelectual da primeira fase das sociedades de geografia. Com a institucionalização escolar e universitária, cada um desses olhares vai se instituir como uma ciência à parte, disputando e levando consigo parte do acervo de conteúdo antes compartilhado em comum como temas de uma sociedade de geografia. É assim que uma primeira parte vai para a Geologia e uma segunda, para a Biologia, levadas pela concepção de campos de conteúdo próprio, antes velados na designação genérica de uma história natural, a História Natural enquanto forma de enfoque geral das paisagens, desaparecendo ela mesma frente o argumento de criação de tantos campos especializados de âmbito acadêmico quantos argumentos se levantem com os mesmos propósitos de começo de uma vida autônoma de ciência. Uma terceira parte vai alimentar o nascimento da Sociologia e uma quarta, da Antropologia, numa disputa agora tripla de conteúdo e objeto de estudo com a História. Um quadro de conflito de campos e limites que em resultado atinge fortemente a Geografia, que assim se vê obrigada a se reestruturar, reordenando-se nesse compasso de migrações de conteúdo, campos e temas num formato institucional inteiramente distinto do que historicamente conhecia.

A literatura criada nesse período é a expressão das soluções e ambiguidades desse ajuste de perfil de uma ciência de corte estritamente institucional. E expressão ainda mais da reação ontológica das origens nas práticas e saberes espaciais originárias de onde o arquétipo estraboniano-ptolomaico tirara os fundamentos de sua abstratividade científica. A inventividade da produção editorial que então tem lugar, tanto no âmbito universitário quanto no âmbito escolar, leva-a, assim, a enriquecer de nova literatura o acervo bibliográfico que já então somavam a *Geografia*, de Estrabão, a *Cosmografia*, de Ptolomeu, a *Geographia generalis*, de Varenius, o *Allgemeinen vergleichenden Geographie*, de Ritter e o *Cosmos*, de Humboldt. Na Alemanha são obras que se exemplificam no *Handbuch der Klimatologie*, de 1908-1911, de Julius Hann, na *Morfologia da superfície terrestre*, de 1893, de Albrecht Penck, na *Anthropogeographie* e na *Politische Geographie*, 1909-1912 e 1923, de Ratzel, na *Grundzüge der physischen erdkunde* e *Leitlinien der allgemeinen politischen geagraphie*, de 1916 e 1922, de Supan, e, sobretudo, da *Die Geographie, ihre Geschichte, ihre Wesen und ihre Methoden*, de 1927, de Hettner. Literatura de obras que se complementam com a publicação de revistas como *Petermanns Mitteilungen* (dirigida por Alexandre Supan), *Zeitschrift der Gesellschaft für Erdkunde zu Berlin, Geographischer Anzeiger* (dirigida por Justus Perthes) e *Geographische Zeitscherift* (dirigida por Hettner).

O DISCURSO DO AVESSO

Na França a lista inclui o *La terre e les hommes*, de 1905-1908, de Reclus, o *Tableau de la geographie de France* e *Principes de geographie humaine*, de 1903 e 1922, de Vidal, o *Regións naturelles et noms*, de 1907, de Gallois, o *Traité de geographie physique*, de 1909, de De Martonne, e a *Geographie humaine*, de 1910, de Brunhes, que se complementam com revistas como os *Annales de Geographie*, dirigida por Vidal e Dubois.

Assim também a geografia escolar é objeto de vasta produção editorial, à qual se somam muitos dos livros escritos para uso universitário. Muitas são as obras que seguem esses dois destinos, ao lado de se voltar para o público mais amplo, interessado desde o tempo das sociedades de geografia pelos temas dos povos e paisagens geográficas. É o caso das grandes coleções publicadas em vários volumes, cobrindo a totalidade dos países e paisagens do mundo, que vêm da tradição dos 17 volumes da *Geografia*, de Estrabão, e que têm sequência no *Erdkunde*, em 21 volumes, de Ritter, *Nouvelle géographie universelle*, em 19 volumes, de Reclus, e *Géographie universelle*, também em 19 volumes, de Vidal e Gallois.

Mas são os compêndios seriais, escritos especificamente para o ensino, a forma escolar própria de publicação. Já numerosos antes dos anos 1870, ganham novo formato com a autonomização do ensino escolar da Geografia. Seu padrão é o programa escolar da reforma de Himly e Levasseur, estruturado nas partes física, política e econômica, que os compêndios escolares vão tomar como base de suas partes e capítulos. Fruto do período imediato ao da guerra franco-germânica, quando a reforma e o reerguimento nacional estão em tela, essa estrutura tríplice é em seguida alterada, mas para trocar a segunda parte, introduzida com o fim de levantar o ânimo nacional desde a escola, pelo estudo da população, então um subcapítulo da parte econômica, agora elevada à dignidade da escala tríplice. Assim, as três partes da divisão passam a ser a física, o homem (a população) e a economia. É o modelo do N-H-E, em sua origem e formato. Falta-lhe, todavia, o fundamento. E este vem com a incorporação ao N-H-E do discurso topográfico de Drapeyron, transformado no protótipo do conceito do sítio.

É de inspiração universitária, entretanto, a estrutura em partes física, política/populacional e econômica do programa escolar. É justamente nos termos dessa trilogia que se arrumam desde Vidal os currículos universitários, vinda da opção vidaliana da definição da Geografia como uma ciência da relação homemmeio. Não num formato piramidal de camadas, ainda. Na noção vidaliana as relações físicas, políticas e econômicas se entrecruzam em múltiplos sentidos de reciprocidade de laços. Laços que levam a natureza a influir na evolução humana e a evolução humana a influir na natureza, natureza e homem mudando em suas características segundo o rumo e a dinâmica evolutiva das suas próprias interações. A ideia do N-H-E está, entretanto, já implícita na noção vidaliana de

|92|

A GEOGRAFIA MODERNA E OS VETORES INSTITUCIONAIS

partes. Falta-lhe a concepção sequencial de acamamento que ponha a parte física na base, a populacional no meio e a econômica na culminância. Esta vem com o casamento da Geomorfologia de De Martonne, a primeira das geografias setoriais a surgir também na França, com a Topografia de Drapeyron, defendida desde o começo por este como a parte de baixo do olhar geográfico. Trazida nesse passo para o espectro de rugosidade do relevo do discurso geomorfológico, esta passa a ser um alicerce da própria parte física, depois da tradução desta como a camada neokantiana do substrato de base, a Geomorfologia virando o sítio sobre o qual passa a se erguer e ordenar sinteticamente a totalidade do acamamento N-H-E enquanto estrutura geográfica global das sociedades.

A GEOGRAFIA QUE SE FAZ
E SE ENSINA NO BRASIL

A geografia brasileira é uma criação das instituições de ensino e instituições de pesquisa e planejamento estatal. As instituições de ensino são o campo da geografia acadêmica e as instituições de pesquisa e planejamento, o campo da geografia aplicada, exprimindo a forma como a geografia profissional aqui se instala a partir dos anos 1930.

É um mesmo formato de discurso geográfico, com modos de emprego diferentes, mas que têm no circuito das obras que produzem para seus âmbitos distintos de uso – as instituições universitárias de geografia acadêmica de cunho mais analítico e os institutos de geografia aplicada de cunho mais operacional, e que servem de referência para a elaboração dos manuais didáticos que organizam o ensino escolar – uma modalidade de circulação que integraliza a geografia brasileira num só sistema de ideias.

A LITERATURA UNIVERSITÁRIA
E DA GEOGRAFIA APLICADA

Diferentemente da tradição europeia, não há na trajetória brasileira uma fase da sociedade de geografia, muito embora se conheça desde antes da fundação dos cursos universitários a existência no Brasil de organismos como o Instituto Histórico e Geográfico do Brasil (IHGB), a Sociedade Brasileira de Geografia (SBG), fundada como Sociedade de Geografia do Rio de Janeiro e o Instituto Brasileiro de Geografia

O DISCURSO DO AVESSO

e Estatística (IBGE). E se pode considerar como geográfica toda uma plêiade de obras produzidas sobre as paisagens brasileiras por uma diversidade de viajantes, cronistas, retratistas, cartógrafos e naturalistas que, apoiados nas respectivas sociedades de geografia ou governos de seus países, circularam em trabalhos de investigação ou conhecimento pelo Brasil nos séculos XVIII e XIX.

Mas é com a fundação das universidades nos anos 1930 que a Geografia surge no Brasil, nascendo já com esse corte de saber especializado e especialidade de um profissional. Com ela nasce também a Associação Brasileira de Geógrafos (AGB) que vai cumprir no país o papel exercido no contexto europeu pelas sociedades de geografia.

A geografia universitária tem início com a criação da Universidade de São Paulo (USP) em 1934 e a criação da atual Universidade Federal do Rio de Janeiro (UFRJ) em 1935, e a geografia aplicada, com criação do IBGE em 1937, numa simultaneidade temporal. São estrangeiros os seus primeiros quadros. Pierre Monbeig vai vincular seu nome à criação do curso universitário da USP; Pierre Deffontaines e Francis Ruellan, à criação do curso da UFRJ (com o nome de Universidade do Distrito Federal – UDF); e Leo Waibel e uma enorme gama de outros pesquisadores, à implementação dos trabalhos do IBGE (Moreira, 2009b e 2010).

A produção literária começa com essa referência teórica e aplicada. E que vem se juntar ao largo trânsito que as obras da geografia clássica europeia. Vidal, Reclus, Ratzel, Brunhes e Sorre têm entre a intelectualidade brasileira desde o tempo do Segundo Império, subsidiando com referencial teórico e informações geográficas sua tarefa de compreender e explicar o Brasil. É um acervo que aumenta com o acréscimo da produção de livros e periódicos que saem da lavra dos geógrafos do IBGE e das instituições universitárias, chegando até a vasta produção universitária de hoje.

Aí se alinham *A geografia humana do Brasil*, de Pierre Deffontaines, *Pioneiros e fazendeiros de São Paulo*, *Ensaios de geografia humana* e *Novos ensaios de geografia humana*, de Pierre Monbeig, *Capítulos de geografia tropical e do Brasil*, de Leo Waibel, e *O escudo brasileiro e dobramentos de fundo*, de Francis Ruellan, escritos em diferentes momentos das décadas de 1930 e 1940, e nem sempre logo publicados. Mas também a vasta publicação de coleções pelo IBGE, como os nove volumes dos *Guias de excursão*, preparados para subsidiar o congresso da União Geográfica Internacional (UGI), realizado no Rio de Janeiro em 1956, a *Geografia do Brasil: grandes regiões*, de 1959, e o *Atlas do Brasil: geral e regional*, de 1960, ambas com sucessivas reedições atualizadas, e a *Biblioteca geográfica brasileira*, reunindo uma vasta gama de livros de autoria de pesquisadores da instituição e da academia universitária. A que se acrescentam os periódicos *Revista Brasileira de Geografia* e *Boletim Geográfico*, publicados pelo IBGE desde os anos 1940.

O LIVRO DIDÁTICO

É vasto também o acervo da literatura escolar, voltada para o ensino fundamental e médio. A literatura do ensino fundamental 2 se compõe de séries de quatro volumes destinados a cobrir todo o conteúdo dos quatro anos do segundo segmento dos dois em que o ensino fundamental se divide. O volume 1 (6º ano) contém o conteúdo da geografia sistemática e os demais, o conteúdo da geografia regional, o volume 2 (7º ano) é dedicado à Geografia do Brasil, e os volumes 3 (8º ano) e 4 (9º ano), da geografia do mundo. A ela se acrescenta a literatura do ensino médio, em geral concentrada num volume único, que esmiúça em detalhamentos o conteúdo passado pelos livros do ensino fundamental.

São livros que expressam o modo como o ensino escolar dialoga de um lado com o fluxograma dos currículos universitários, onde é formado o professor escolar, no estilo da relação universidade-escola europeia, e de outro com os programas oficiais, obrigatórios e padronizados para todas as escolas do país. E que podemos diferenciar em três fases – a fase clássica, a fase de transição e a fase atual – seguindo o modo de tratamento que seus autores dão na sequência do tempo ao modelo do arquétipo-acamamento N-H-E trazido do sistema de ensino francês.

A fase do formato clássico

A série *O Brasil e o mundo – O mundo em que vivemos*, *A terra brasileira*, *As regiões brasileiras* e *Os continentes* –, de Aroldo Azevedo, é o exemplo mais claro da primeira fase. A referência são os manuais franceses, em particular a *Collection André Journaux*, *Géographie*, que Azevedo reproduz na sua coleção. São livros para o ensino ginasial – atual ensino fundamental 2 – e escritos de forma simples, em textos de redação direta e com farta ilustração de mapas e fotos, sempre publicados pela Companhia Editora Nacional. Com uma visão de Geografia alinhada na tradição do estudo da relação homem-meio, seja pelo ineditismo, seja pelo sucesso editorial, a obra de Azevedo dá o padrão do livro didático de Geografia no Brasil e inaugura uma tradição de estrutura que só recentemente foi alterada.

A estrutura agrupa os capítulos em três partes – "A base física", "A vida humana" e "A vida econômica" –, a sequência N-H-E francesa clássica que Azevedo põe como formato padrão de toda obra, do livro 1 ao livro 4. O livro 1 oferece ao aluno as bases de uma forma de olhar própria da Geografia, que consiste em explicar os aspectos físicos, a seguir os humanos e, por fim, os econômicos, mostrando suas conexões na paisagem e explicando a razão da diversidade do homem e seu meio na superfície terrestre. Indo nas pegadas de De Martonne, Azevedo toma ora o clima, ora o relevo como ponto do começo, mas usando sempre o

O DISCURSO DO AVESSO

visual mais corriqueiro da vegetação para, pela sua descrição, oferecer ao aluno o recurso de leitura do mundo pelas suas paisagens. Aprender a ler o mundo pelas armas intelectuais da ciência geográfica é, assim, para Azevedo, a razão seja do livro, seja da aula, a escola apresentando o mundo pela Geografia e a Geografia apresentando o mundo pela escola.

A forma de tratamento é um combinado de ilustração e descrição, o texto sempre remetendo aos dados geográficos oferecidos à observação do aluno através de fotos e mapas, como numa simulação da aula com um trabalho de campo. Daí a profusão de fotos e mapas voltados ao propósito do estabelecimento das suas correlações dentro das paisagens, as fotos remetendo à visualização empírica dos fatos inseridos no mapa e o mapa, à generalização abstrata dos fenômenos empíricos vistos nas fotos.

Começa-se com o capítulo típico da filiação ptolomaica, apresentando a Terra como um ente do universo, um astro sem luz própria em meio a uma profusão de astros luminosos e iluminados, a Terra localizada dentro do sistema solar, este dentro da Via Láctea e esta dentro do Cosmos. Esfera celeste e esfera terrestre se põem assim uma diante da outra, as linhas imaginárias da esfera celeste se projetando e se reproduzindo num sistema em rede de paralelos e meridianos no plano da esfera terrestre. Da rede de paralelos e meridianos em seu entrecruzamento derivam as coordenadas geográficas e as referências de orientação, que vão formar os fundamentos da localização precisa dos fenômenos na superfície terrestre. E, desse conjunto, deriva o arranjo de distribuição das localizações posicionais que organiza o mapa da situação geográfica dos diferentes fenômenos. Desse conjunto deriva também o quadro da posição astronômica. As linhas imaginárias demarcam a distribuição das faixas de temperatura na superfície terrestre, de que decorre a diferenciação e distribuição das formas de clima.

Azevedo passa a seguir a traçar o quadro descritivo da base física. O modo de tratamento e o conteúdo teórico são os mesmos do *Tratado*, começando-se pelo capítulo do clima. O conceito e tipologia de clima são os da classificação climática de De Martonne, que este tira de Hann, baseada em linha direta da posição astronômica dos lugares, que Azevedo mescla com a classificação climática de Köppen por sua visualidade de relação clima-vegetação, mais apropriada ao trabalho do combinado mapa-foto, em que o clima é descrito ao tempo que é visualizado na imagem fotográfica correspondente de formas de vegetação. Azevedo opera, assim, na mais típica tradição da climatologia analítica, oferecendo no combinado de mapas e fotos a estampa de uma superfície terrestre dividida em climas equatoriais quentes e chuvosos, com sua paisagem de florestas densas; climas tropicais quentes e semiúmidos, com suas paisagens de savanas; climas semiáridos e áridos, com suas paisagens de desertos; clima temperado oceânico, com suas paisagens de florestas mistas; clima tempera-

|98|

do continental, com suas paisagens de estepes; climas frios, com suas paisagens de floresta de coníferas; e climas subpolares, com suas paisagens de tundras. Segue-se o capítulo do relevo, carregado de blocos-diagramas e ilustrações em desenho que dão a visualidade da dinâmica processual de formação das formas do modelado, tipicamente como mostrados no capítulo correspondente do *Tratado*, que Azevedo faz acompanhar de estampas ilustrativas das formas de paisagem geomorfológica e que também se destinam a mostrar o substrato onde vão se alojar as paisagens clima-tobotânicas, segundo o desenho dos sítios. Por fim, o capítulo da vegetação, agora vista no detalhe em seu entrelace territorial, de um lado, com o tipo de clima e, de outro, com o tipo de relevo, e que Azevedo irá tomar como a base dos recortes da divisão do mundo em regiões naturais.

Seguem-se os capítulos da vida humana. A referência é aqui a sequência da repartição humana e seus traços de cultura que vemos no *Princípios* de Vidal. São as formas de religião, descritas em sua diversidade e modo de repartição na Terra. Os regimes alimentares que vinculam os homens e suas atividades de relação com as possibilidades do meio. As indumentárias em suas variações formais segundo os con-textos de ambiente. E as casas que expressam em seus estilos arquitetônicos a mistura sintética dessas formas de manifestação da cultura em suas relações entre si e com o ambiente. Temas que se concluem no estudo da distribuição geográfica dos povos e sua dinâmica populacional de crescimento e mobilidade rumo a novos lugares onde vão ampliar e diversificar suas formas de cultura. A população dos povos aumenta ou diminui em quantidade. Move-se em deslocamentos de migrações, nomadismo e transumância que podem ser permanentes ou pendulares. E forma pontos de maior ou menor acumulação. O combinado desse quadro dá nos fatos de ocupação do solo, na circulação e na fundação e desenvolvimento das cidades.

Conclui, por fim, com os capítulos da vida econômica. Os capítulos são aqui os de domínio das atividades econômicas em suas relações com as paisagens ainda naturais ou por elas já transformadas. Começa pelas atividades agrárias com seus di-ferentes sistemas de cultivo, cada paisagem marcada pelo elenco de cultivos e criação escolhido para centro-chave da agricultura e da pecuária que aí predomina, e cada elenco de cultivos e criação espelhando o regime alimentar característico e o tipo de vínculo que ele mantém com a atividade industrial que o utiliza como matéria-prima em cada região. Segue-se a atividade da indústria e seus vínculos com o quadro da paisagem agrária e da cidade, as indústrias agrárias se localizando entre as áreas rurais e as cidades de acordo com o tipo de matéria-prima que utiliza, e as indústrias pesa-das se localizando na cidade. É comum a atividade mineral coabitar no texto com as paisagens agrícolas e pastoris em suas relações com a indústria, embora imprimindo sua própria marca na paisagem. E culmina-se com a atividade dos transportes que cortam e interligam numa unidade as áreas dessas atividades.

A coleção didática de Azevedo teve diversas versões nas sucessivas reedições que experimentou ao longo dos 30 anos de publicação entre a década de 1930 e 1970. Cada versão traz uma mudança substancial no elenco e no tratamento dos temas que abriga, expressando o momento da teoria geográfica e da visão do autor sobre a sociedade brasileira e o mundo que retrata e registra em seus livros. É assim que a cada nova versão a obra ganha um título novo, cada volume sendo reintitulado segundo seu novo conteúdo. As edições dos anos 1930 a 1940 têm o título geral de *O Brasil e o mundo* e subtítulos de *Geografia geral* para o volume 1, *Geografia do Brasil* para o volume 2, *Geografia regional do Brasil* para o volume 3, e *Geografia do mundo* para o volume 4. Já as dos anos 1950 a 1960 mantêm o título geral, o volume 1 sendo reintitulado para *O mundo que vivemos*, o volume 2 para *A terra brasileira*, o volume 3 para *As regiões brasileiras* e o volume 4 para *Os continentes*. A estrutura de base é sempre, entretanto, a do arquétipo-acamamento N-H-E.

A fase da transição

Uma orientação distinta vai ocorrer com as coleções dos autores que sucedem Azevedo, após sua morte ocorrida nos anos 1970. A paisagem desaparece como elemento de agregação. A estrutura piramidal de acamamento dá lugar à fragmentária de acamamento pura e simples. O mapa e a foto perdem a interação didática que tinham entre si e com o texto para virem a aparecer basicamente como recursos de ilustração. E a formação dá lugar à informação.

A passagem não é direta, todavia, podendo-se tomar os livros *Geografia*, de Guiomar Goulart de Azevedo, e *Investigando o ambiente do homem*, de Zoraide Victorello Beltrame, como exemplificações de um momento de passagem. A coleção de Guiomar Azevedo segue a sequência clássica, num típico esquema de arquétipo ptolomaico estruturado no padrão tradicional do acamamento N-H-E. Abre-o a unidade do planeta Terra, o universo, sua estrutura em galáxias, a Via Láctea como âmbito do sistema solar e a Terra como parte deste. Segue-se a unidade do sistema de representação cartográfica e do mapa enquanto representação da diferenciação das paisagens. Vem então a unidade da base física. Primeiro o relevo, suas formas e processos de modelagem. Depois, o clima, seus elementos, tipologia e junto a eles as formas correspondentes de vegetação. A seguir, o sistema fluvial e a diversidade das águas continentais. E, por fim, a biosfera, o quadro sintético dos ecossistemas e o elenco dos recursos naturais. Segue-se a unidade da população, a distribuição, o crescimento, a mobilidade e a estrutura etária e setorial das atividades. E então a unidade das atividades econômicas, sua diferenciação em atividades urbanas e atividades rurais, o elo industrial e a função integradora global dos serviços, transportes e comunicações. Do mesmo modo ptolomaico, mas com o padrão N-H-E ligeiramente reformulado, é a coleção de Beltrame. O livro abre com a unidade dos elementos de localização, destinado a levar o aluno a saber se situar, e aos fenômenos na superfície terrestre com ajuda das coordenadas e sistema de orientação, para assim se habilitar a ler e compreender por sua disposição respectiva o ambiente da paisagem que o rodeia. Segue-se a unidade de sua inserção agora na escala ptolomaica do tempo, levando o aluno a saber vincular a cronologia das datas e horas aos movimentos da Terra no sistema solar, falando-se assim da sucessão dos dias e noites, e das estações do ano que vemos no relógio e no calendário enquanto reproduções dos movimentos respectivamente de rotação e translação da Terra, as noções de escala de tempo dessa unidade, sendo completadas com as de escala de espaço da unidade anterior. A unidade seguinte mergulha o aluno na relação homem-meio, a base física sendo apresentada enquanto base das unidades das paisagens que este fora convidado a saber situar e ler nas unidades antecedentes. O inventário dos recursos da base física é levantado, a caminho do balanço da compressão das necessidades humanas de consumo. O homem é o tema da sequência, um homem-transformador do substrato físico em fonte de vida e sobrevivência que vira um homem-habitante-consumidor. O elo da relação do homem com o meio físico via atividades econômicas é o tema dos capítulos de fechamento dessa unidade, um penúltimo dedicado ao estudo da relação da natureza com o homem ao redor da economia e um último aos detalhamentos das atividades econômicas propriamente. Chega-se, por fim, à unidade do elenco dos capítulos dedicados às formas de atividade econômica discriminadas na linha de ligação dos campos respectivamente correlatos de geografia humana sistemática e de geografia física sistemática, a geografia física aparecendo quebrada na geografia humana segundo o caráter de cada forma de atividade econômica analisada. É assim que o clima aparece junto ao capítulo da agricultura e da pecuária, analisando-se a composição e distribuição territorial de seus elementos, o movimento das massas da atmosfera, o combinado evaporação-precipitação que define o ciclo e o balanço da disponibilidade da água e, por fim, o mapa de classificação climática, separadamente. Segue-se o estudo das formas de vegetação, seu vínculo genético com as formações climáticas e seu papel determinante na constituição do visual das paisagens, e assim seu valor econômico para as atividades extrativas. E, ao fim, as formas de relevo e respectivas bases geológicas, e seu vínculo com as atividades de mineração e indústria.

São dois livros didáticos em que a relação de acamamento das geografias física e humana setoriais recebe tratamentos distintos. Em Guiomar Azevedo é o modo de tratamento clássico. Em Beltrame, um modo quebrado, as camadas da economia

O DISCURSO DO AVESSO

se deslocando para a base e as camadas físicas sendo quebradas segundo os envolvimentos de suas partes com as partes de atividades da economia. Mas em ambas dominam as forças teóricas de fundação dessas geografias setoriais, a exemplo da teoria analítica na Climatologia, da ênfase exclusiva nos detalhamentos geológicos da teoria estrutural de Geomorfologia e a relação de correlação pura e simples com as formas externas de clima da velha Biogeografia. Do mesmo modo, na noção do ensino mais de informar que formar, a ênfase é dada aos tipos de leis e determinações da ciência. E também é assim quanto ao elo arquetípico. Desse modo o *Geografia* de Guiomar Azevedo é um livro organizado no esquema do arquétipo ptolomaico com a estrutura clássica do N-H-E segundo o formato de camadas autônomas das geografias setoriais. E *Investigando o ambiente do homem*, de Beltrame, é um livro organizado no esquema do arquétipo estraboniano, com a estrutura N-H-E diluída para adaptar-se às necessidades discursivas dos tempos mais recentes. São livros que fazem de modos diferentes a de transição do momento intelectual de Aroldo Azevedo para o momento que o sucede, o de Guiomar Azevedo muito próximo do modelo de Aroldo, e o de Beltrame, já mais próximo da renovação que o livro didático de Geografia vai ter nos anos 1970, refletindo as mudanças conceituais e de conteúdo fortemente econômicos dos anos 1970. São, cada qual a seu modo, um registro do tempo. O que é visível nas referências teóricas de base. Se *O Brasil e o mundo* exprime a forte influência de De Martonne sobre Aroldo Azevedo, *Geografia* de Guiomar Azevedo e *Investigando o ambiente do homem* de Beltrame expressam a influência de George, em Beltrame particularmente. Como é também nos quadros de evolução das reformulações que vão se dando nos campos de geografias setoriais. Se a climatologia analítica é a base ainda da teorização dos climas de Azevedo, a climatologia genética é já, em parte a de Guiomar Azevedo e Beltrame, as novas versões geomorfológicas e biogeográficas, não tendo chegado ainda à geografia escolar.

A fase das inovações

Uma explosão de novas obras didáticas tem lugar a partir dos anos 1980. A diversidade de orientações intelectuais que então surge e as possibilidades editoriais que se oferecem são mais amplas. A linha praticamente única de modelo didático do tempo de Aroldo Azevedo e de certo modo ainda de Guiomar Azevedo e de Beltrame dá lugar à pluralidade. E o arquétipo estrabono-ptolomaico e a estrutura N-H-E vão aos poucos perdendo visibilidade no espelho dos livros.

Dois grandes campos de agrupamento podem ser vistos, reunindo e distinguindo o formato e conteúdo didáticos dos livros novos: o dos que de um modo ou de outro seguem a tradição arquetípico-estrutural e o dos que buscam navegar por outros

|102|

caminhos. Algumas são obras de autores vindos do período clássico e de transição. Outras são obras de autores saídos do contexto de renovação teórica e ideológica que tem lugar nos anos 1970.

Das séries escritas para o ensino fundamental tomaremos para exemplo *Geografia: noções básicas de geografia*, de Melhem Adas, *Geografia crítica: o espaço natural e a ação humana*, de J. Willian Vesentini e Vânia Vlach, *Geografias do mundo: fundamentos*, de Marcos Bernardino de Carvalho e Diamantino Alves Correia Pereira, *A nova geografia*, de Demétrio Magnoli e Reinaldo Scalzaretto, *Geografia em verso e reverso: pensando a geografia*, de Francisco Capuano Scarlato e Sueli Angelo Furlan, e *Conexões*, de Lygia Terra, Regina Araujo e Raul Borges Guimarães. E do ensino médio *Geografia geral*, de Hirome Nakata e Marcos de Amorim Coelho, *Geografia geral e do Brasil*, de Elian Alabi Lucci, Anselmo Lazaro Branco e Claudio Mendonça, *Espaço geográfico: geografia geral e do Brasil*, de Igor Moreira, *Geografia: ciência do espaço*, de Diamantino Pereira, Douglas Santos e Marcos Bernardino, *Geografia*, de João Carlos Moreira e Eustáquio Sena e *Geografia das redes*, de Douglas Santos.

São exemplos aleatórios de um espectro de autorias que é uma propriedade dessa fase. Mas, espíritos da época, exprimem em comum o caráter informativo sobre o formativo do ensino, que já predomina na fase de transição a preocupação de ser ciência do discurso geográfico, mais que um recurso de processo pedagógico, o preparo para o mundo que se espera da ciência geográfica.

A afirmação epistemológica da ciência geográfica é um dado característico de *Geografia: noções básicas*, de Melhem Adas, um autor que vem da transição e a passos largos rumo às formas novas – que antecipa no campo didático com seu livro-ensaio *Estudos de geografia*, de 1974. O formato é o arquétipo estraboniano, arrumado num esquema N-H-E fortemente modificado. Abre-o a unidade I, do espaço-tempo, espaço da Geografia e tempo da História, que ao longo do livro formam um combinado de teorização. Combinado que no capítulo 1 se explicita como o tempo histórico que revela no modo de realização de seus eventos o espaço geográfico, e o espaço geográfico que revela na materialidade de seus elementos o tempo histórico. E no capítulo 2 se explicita como tempo-espaço da natureza, em que a Terra é apresentada como um planeta que se forma depois de uma longa e diferenciada evolução histórica junto à história do universo, e como espaço-tempo da sociedade, fruto de uma história socionatural do homem que o autor vai explicitar mais adiante. Segue o momento ptolomaico da orientação (capítulo 3) e da localização via o entrecruzado dos paralelos (capítulo 4) e dos meridianos (capítulo 5). Vem depois o capítulo da representação cartográfica, a sistemática da feitura do mapa (capítulo 6) e a sua linguagem (capítulo 7). E, por fim, da Terra como astro, seus movimentos, o movimento de rotação (capítulo 8), relação com as fases da Lua (capítulo 9), e o movimento de translação (capítulo 10). Só então

O DISCURSO DO AVESSO

vem a unidade II, da natureza e seu vínculo com o homem através do processo do trabalho, a natureza como fonte de formação da vida (capítulo 11), o trabalho como fonte de transformação da natureza em vida (capítulo 12), a natureza transformada em produtos (capítulo 13), os produtos como fruto de um processo de produção (capítulo 14) e o consumo e o desperdício da natureza numa sociedade não sustentável (capítulo 15). Fecha-o a unidade III, das atividades econômicas e geografias físicas setoriais correlacionadas, no estilo do que vimos em Beltrame, a indústria como elo transformador e a geologia como elo de matéria-prima industrial (capítulo 16), a agropecuária e suas vinculações geomorfopedológicas (capítulo 17) e climatobotânicas (capítulo 18), e os efeitos ambientais da mineração (capítulo 19) e dos elos mínero-industriais (capítulo 20).

Geografia crítica: o espaço natural e a ação humana, de Vesentini e Vlach, segue também um formato estraboniano-ptolomaico, mas estruturado de modo mais próximo ao N-H-E clássico. O livro é aberto com o capítulo da noção do espaço e do tempo como quadro abstrato-geral da inserção dos fenômenos e dos homens (capítulo 1). Vem a seguir o capítulo da dimensão cartográfica dessa arquitetura espaço-temporal e as escalas dos lugares geográficos da vivência humana dentro dela (capítulo 2). E então o capítulo da Terra no universo, seu lugar de inserção cósmica, origem histórica simultânea e seus movimentos no sistema solar (capítulo 3). Parte-se agora para os capítulos mais propriamente cartográficos, a orientação e os fusos horários (capítulo 4), as formas de representação do espaço e tipos de mapas (capítulo 5) e a técnica da elaboração de cartas e mapas. Segue-se o capítulo da superfície terrestre, suas camadas e a relação geratriz da cultura humana com sua matriz técnica e o significado da relação homem-natureza (capítulo 6). Vêm a seguir os capítulos das camadas: a litosfera, sua composição geológica e a ação geológico-geomorfológica das placas tectônicas (capítulo 8), e a dinâmica do modelado e as formas do relevo (capítulo 9); a atmosfera, sua composição e o efeito da temperatura sobre a camada da troposfera, sobre a pressão e ação de formação das massas de ar, e sobre a umidade atmosférica (capítulo 10) e assim a formação das frentes e seu papel na formação das características e tipologia dos climas (capítulo 11); a hidrosfera, o ciclo da água e formas de camadas hídricas (capítulo 12), e as águas continentais e modalidades e relações interacionais das bacias fluviais (capítulo 13); a biosfera, o lugar central dos processos ecossistêmicos no envolvimento ambiental do homem (capítulo 14), e por fim as paisagens enquanto fundos ecossistêmicos da superfície terrestre e a Terra como planeta vivo, um grande ecossistema e os problemas de sua degradação ambiental.

Geografia do mundo: fundamentos, de Bernardino e Pereira, é um livro explicitamente estraboniano e com estrutura N-H-E inteiramente modificada. O lugar é o tema do capítulo 1, o seu significado de espaço imediato e plural da vivência e ainda do capítulo 2, o nível de escala a partir de onde a vida humana e o mundo geograficamente podem ser entendidos. Segue-se o capítulo da escala oposta, o nível do espaço mediato e mais amplo do universo, lugar de localização do planeta Terra e seus movimentos, e da própria evolução histórica de onde se extrai a história da formação e distribuição dos continentes e oceanos que dividem o cenário geológico e geomorfológico das paisagens tectônicas da litosfera (capítulo 3). Vem em seguida o capítulo da mutação e humanização dos cenários continentais (capítulo 4). Seu complemento no capítulo climatobotânico, analisando a desigual distribuição da temperatura, da pressão e da umidade na camada mais baixa da atmosfera, o fluxo da energia termodinâmica, o circuito e encontros das massas de ar, e a dinâmica de constituição das características e formas dos climas e seus rebatimentos recíprocos no ciclo das águas e tipos da vegetação (capítulo 5). Segue-se o capítulo da relação do homem com essa pluralidade geomórfica, climática, pedobotânica e hídrica na síntese das paisagens enquanto lugares do ambiente humano (capítulo 6). Passa-se então ao capítulo da representação cartográfica desse espaço-paisagem-meio, suas técnicas e recursos técnicos, elementos de orientação e coordenadas e o mapa de diferentes conteúdos e escalas como produto (capítulo 7). Por fim, chega-se aos capítulos da Terra como ambiente humano mais global, o planeta como biogeografia (capítulo 8), a diversidade das formas geográficas de vida (capítulo 9) e os problemas das relações da convivência humana (capítulo 10).

A nova geografia: a sociedade e a natureza, de Magnoli e Scalzaretto, é a modelização do arquétipo ptolomaico com fundo estraboniano na formatação clássica do N-H-E, esse todo olhado, entretanto, à luz da composição espaço-ambiental. Abre-o a unidade da localização da Terra no Cosmos e o efeito da posição astronômica decorrente sobre os aspectos climatobotânicos, as relações de interação desses aspectos com o relevo, o papel do todo dessas interações na formação das paisagens da superfície terrestre e, por fim, sobre os meios e modos de representação cartográfica do espaço geográfico assim formado. Segue-se a unidade da população, sua distribuição e povoamento segundo as paisagens, o efeito dinâmico da correlação entre crescimento demográfico e crescimento econômico sobre os modos e qualidade de vida. Por fim, fecha o livro a unidade dos espaços como âmbitos de meio ambiente, o caráter de biosfera da superfície do planeta, sua dinâmica de ecossistema e o problema de seus cuidados quanto mais a humanidade se industrializa e se desloca para os modos de vida urbana nas cidades.

Geografia em verso e reverso: pensando a geografia, de Scarlato e Furlan, igualmente segue o trajeto da ordenação estraboniano-ptolomaica sobre uma relação de acamamento N-H-E arrumada num formato de organização rural-urbana do espaço geográfico. Abre-o a longa unidade do espaço como uma reflexão sobre o chão, a paisagem, o lugar e as fronteiras como marcos territoriais de delimitação nacional,

O DISCURSO DO AVESSO

da paisagem urbana e da paisagem rural, do sítio-posição e das formas e escalas de representação cartográfica. Segue-se a não menos longa unidade da natureza, a paisagem como lugar de entendimento dos movimentos da Terra, a proeminência do circuito da água nos assentamentos de paisagem, a ação seminal do clima sobre o ciclo das águas, as formas da vegetação e do solo, o erguimento das paisagens à base das unidades de relevo e os ciclos de espaço-tempo natural da vida. E por fim fecha-o a unidade da ação do homem, o trabalho e o processo do trabalho na mediação da relação sociedade-natureza, os recursos naturais e a demanda humana, o caminhar espacial para a metrópole.

Conexões: estudos de geografia geral, por fim, de Terra, Araujo e Guimarães, é também um arquétipo estraboniano com fundo ptolomaico orientador de uma estrutura de relação N-H-E inteiramente livre de configuração geográfica visível. Abre o livro a unidade combinada de natureza e tecnologia, ensejando o sentimento da natureza como uma criação da cultura técnica, seu vínculo com uma sociedade de espaço-tempo fluido e suas formas de representação. Segue-se a unidade da relação economia-poder, a ênfase no duplo Estado-território como marco formativo da nação, a globalização das relações internacionais, a ordenação do mundo global em blocos regionais, os conflitos nacionais de territorialidade. Vem então a unidade propriamente da natureza, a formação e estrutura da Terra, a formação das placas e a deriva dos continentes e oceanos, a dinâmica do modelado da superfície terrestre, as massas de ar e os tipos e as interações das formações climáticas, o lugar dos circuitos da água e dos ecossistêmicos na reprodução da vida. Vem em seguida a unidade das ações econômicas, as conexões economia-natureza e seus efeitos ambientais, a função da indústria e da agricultura, o sistema de circulação, a coagulação do mundo urbano. Por fim, a unidade da população, sua dinâmica de crescimento e necessidades, o desenvolvimento desigual da riqueza e da pobreza, o movimento global da redistribuição, as ordens de regionalização.

As obras de ensino médio também são múltiplas. E tal como as do ensino fundamental, visam mais informar que formar, mas nesse passo apresentar a Geografia como ferramenta intelectual e prática de intervenção tecnocientífica. São também mais soltas em seus vínculos arquetípicos e estruturais de N-H-E, embora busquem mantê-los em nome do ordenamento discursivo mínimo que se faz necessário. E mais voltadas para mostrar o campo geográfico como um campo de mercado de trabalho.

Geografia geral, de Nakata e Amorim Coelho, tem esse estilo. É um livro tipicamente vazado no arquétipo ptolomaico e bem expressivo da transição da fase da tradição clássica para a de inovação que se segue. Toda uma longa primeira unidade é dedicada ao tema do universo, abrindo a sequência capitular do livro. As galáxias com seus astros e o sistema solar são detalhadamente tematizados segundo as teorias atuais, seguidos dos elementos de orientação (meios de orientação, coordenadas e fusos horários) e de cartografia (mapas e cartas e seus problemas de representação e a inovação da aerofotogrametria). Segue-se uma igualmente longa unidade dedicada ao conteúdo das geografias físicas setoriais, enfatizando as eras geológicas e a evolução formativa do planeta Terra com sua estrutura de camadas internas e externas, os processos do relevo vistos à luz da oposição entre as forças internas e externas do planeta, a diferenciação térmica, barométrica e higrométrica das massas de ar e tipos de classificação climática, a dinâmica de oceanos e rios da hidrosfera e as paisagens vegetais que juntam em suas formas o combinado desses fenômenos físicos na biosfera. Vem a seguir o superstrato humano, visto no viés demográfico da distribuição, crescimento e mobilidade em suas relações com o problema das condições naturais da subsistência humana.

Geografia geral e do Brasil, de Lucci, Branco e Mendonça, muda os parâmetros. Abre-o a unidade da geopolítica e economia do mundo atual, o efeito das duas guerras e a globalização. Segue-se a unidade do papel central da indústria e da tecnologia industrial, as formas da indústria moderna, sua relação com a globalização e as formas de agricultura. Em seguida, a unidade da geopolítica da energia, as fontes e formas e os problemas de alternativas. Depois, a unidade da urbanização, seus vínculos com a indústria e a mundialização da tecnologia industrial. Vem então a unidade dos efeitos ambientais e a alternativa da sustentabilidade. E, por fim, as formas de representação cartográfica de um mundo configurado na globalização.

O espaço geográfico, de Igor Moreira, é o arquétipo estraboniano com o modelo N-H-E invertido. Abre o livro o capítulo do espaço-produto da relação homem-natureza pelo processo do trabalho e o papel de mediação da técnica. Segue-se o capítulo da regionalização pelos regimes e níveis de desenvolvimento e o efeito agregante da globalização. Vem depois o capítulo da dinâmica das atividades econômicas, o papel motriz da indústria, chave da agricultura e integrativa das atividades de circulação. Vem então a unidade da população, a distribuição cidade-campo, a definição mercantil da superpopulação, a predominância urbana e a mobilidade global. Fecha o livro a unidade da natureza, as componentes e formas da paisagem natural, o clima e as zonas climáticas, o relevo e a dinâmica do modelado, os solos como interação clima-geologia-relevo, as formas da vegetação e, por fim, os marcos rurais e urbanos de transformação da natureza nos problemas ambientais.

Geografia, de Moreira e Sene, é essa modelização configurada espacialmente na diferenciação dinâmica do urbano e do agrário. Abre o livro a unidade da dinâmica social da organização demográfico-natural do espaço. Segue-se a unidade da urbanização, a cidade e os problemas ambientais urbanos. Desdobra-a o complemento da unidade do agrário, o campo e os problemas ambientais rurais. Vem depois a unidade da escala mundial da nova ordem global, as organizações internacionais e as estruturas geopolíticas. A seguir, a unidade do movimento mediador da técnica e do trabalho numa economia mundializada. Depois, a unidade da natureza global e fragmentária do mundo integralizado. Segue-se a unidade do Estado-nação, a dimensão política e a configuração territorial da globalização. Fecha o livro o painel ambiental do mundo globalizado.

Geografia das redes, de Douglas Santos, é um livro de paradigma estraboniano com estrutura N-H-E rearrumada e de conteúdo não clássico. Abre-o a unidade do homem e da natureza, o lugar do homem num espaço de natureza transformada (capítulo 1) e de uma natureza com forma de geografia física, a camada das rochas e tradução morfológica (capítulo 2), a camada da atmosfera e clima-vegetação (capítulo 3) e a camada das águas e fundação ecossistêmica da vida (capítulo 4). Segue-se a unidade da economia, a centralidade da fábrica e da cidade (capítulo 1), a complementaridade essencial do campo (capítulo 2), o intercâmbio entre os povos (capítulo 3) e as compartimentações dos sítios do mundo (capítulo 4). Fecha-o a unidade 3, a diversidade-unidade da humanidade (capítulo 1), as regionalidades espaciais (capítulo 2), a integralidade homem-natureza recriada (capítulo 3) e os diálogos de um mundo possível (capítulo 4).

Geografia: ciência do espaço, de Pereira, Santos e Carvalho, por fim, é uma modelização pós-clássica num padrão distintivo de estrutura. Abre o livro a unidade introdutória do conceito do espaço como elemento de organização das sociedades no tempo, o seu tríplice aspecto de espaço da produção, da circulação e do sistema de ideias. Segue-se a longa unidade do espaço da produção, o papel-chave e os elementos composicionais da indústria (parte 1), a função complementar de base da agricultura (parte 2). Segue-se a unidade do espaço da circulação, os fluxos da divisão internacional do trabalho-produção-trocas (capítulo 1), o ponto de amarração do sistema financeiro (capítulo 2), a rede dos deslocamentos (capítulo 3), o efeito urbano (capítulo 4), os problemas sociopolíticos da população (capítulo 5). Por fim, fecha o livro a unidade do espaço das ideias, as maneiras de ver o mundo (capítulo 1), o universo dos conceitos (capítulo 2) e as faces do mundo moderno (capítulo 3).

Pontos clássicos e nada clássicos se cruzam nesse apanhado até certo ponto aleatório de livros. Se compararmos a estrutura e conteúdos da longa e proposital reprodução quase literal de sumários que fizemos, confrontando entre si os livros de Azevedo e o de Pereira, Santos e Carvalho, o primeiro e o último da lista justamente, a sensação é de uma radical mudança de estruturação e enfoque teórico-conceitual. Viria em reforço colocarmos o livro de Adas no ponto do meio, especificando uma ideia justamente de transição.

Há em comum, entretanto, a passagem da função de formar para informar. E a coincidência correlata do abandono da paisagem como categoria da leitura geográfica do mundo real. É assim que toda a bibliografia da terceira fase se pauta pelo objetivo de passar ao aluno a informação das novas formas de abordagem científica dos fatos ocorrida em cada campo de geografia setorial. Mas a clareza do ponto de partida e chegada de referência parece um pecado capital comum.

Em comum também a atualidade das teorizações dos campos setoriais. A abordagem analítica da primeira fase dá lugar à abordagem genética da terceira. Embora se perpetue o esquema de classificação climática de Köppen, de resto um procedimento geral na bibliografia didática dos países, a diferença de metodologia dessas duas escolas de Climatologia dá origem a modos completamente distintos de se explicar o fenômeno climático, como se tratasse de duas ciências geográficas distintas.

O mesmo se percebe com a abordagem geológico-geomorfológica. A diferença vem por conta do modo de tratamento do modelado do relevo nessa área de geografia setorial que vemos reproduzir-se respectivamente nos livros da primeira e da terceira fases. A teoria dos dobramentos por interferência geossinclínica pura e simples do planeta domina os livros da primeira fase, já os livros da terceira põem o acento na ação direta das placas tectônicas. É talvez onde a intenção de informar mais que formar dessa terceira fase melhor se explicite, no exemplo da ênfase nominal do papel profissional da Geomorfologia do livro de Nakata.

Mais forte ainda é a diferença no que toca ao tema da água. A Hidrogeografia é ausente como um campo de geografia sistemática nos livros da primeira fase, em geral vista como um misto de Oceanografia e Hidrologia. E no geral tem um caráter ainda ensaístico no modo de tratamento do tema da água nos livros da terceira fase, ganhando explicitude mais visível nos livros de Furlan e Scarlato, e de Terra, Araujo e Guimarães. A água é um capítulo presente em todos os livros do período mais recente. Quando não o tema enfático de um conjunto de capítulos.

É o capítulo do campo biogeográfico que talvez caracterize maior mudança. São os livros que o põem no centro do enfoque nos quais o esquema N-H-E mais se esmaece como paradigma. O entendimento externo do sítio dá lugar a um entendimento mais interno-estrutural por conta do papel das relações ecossistêmicas no enfoque do todo ambiental.

UM BALANÇO ONTOEPISTEMOLÓGICO

Pode-se resumir o trajeto desses 80 anos em três características: 1) a paisagem é o foco objetal da leitura dos fenômenos empíricos, 2) o espaço é a âncora significante-estrutural da organização da paisagem, e 3) a diluição progressiva da paisagem e do espaço leva à flutuação epistemológica do discurso geográfico.

A propriedade da paisagem é juntar o físico e o humano num mesmo campo de captação visual. A paisagem empiriciza o espaço. E espaço organiza estruturalmente a empiria da paisagem. É isso o que temos em Brunhes. Um começo de desmonte se dá quando a paisagem é privilegiada como categoria com Tricart e o espaço é privilegiado como categoria com George. E a sequência é a pulverização do discurso geral da Geografia que daí nitidamente vai se dando. Um processo que se dá em três etapas. Primeiro separa-se a paisagem e o espaço no plano da contemporaneidade. Depois, vincula-se conceitualmente a paisagem à geografia física, e o espaço à geografia humana. Por fim, suprime-se a paisagem e o espaço como categorias descritivo-analíticas.

O fato é que a paisagem vai deixando de ser o elo comum da combinação dos âmbitos de acamamento. Enquanto é este elo, os fatos da Geografia Física e os fatos da Geografia Humana interagem dentro da estrutura do N-H-E. Quando, entretanto, deixa de sê-lo, a combinação não se sustenta e desaparece. Uma reciprocidade de fragmentação e função conjuntiva está aí se dando: a dispensa do elo conjuntivo da paisagem acelera a fragmentação e a aceleração da fragmentação dispensa o elo conjuntivo da paisagem. Um processo que se repete com o espaço. Segundo três fases. Num primeiro momento a paisagem vai categorialmente se associar à Geografia Física e o espaço, categorialmente à Geografia Humana. Paisagem e espaço se separam como campos distintos de teorização. Até que a fragmentação de seus campos as suprime como categorias. O certo é que a paisagem é diluída e o espaço abstrativado. É o que se passa no correr da terceira fase dos livros didáticos.

A sensação é de perda do chão epistêmico. O que explica a necessidade de se trazer a técnica para a reconstituição do chão perdido. A técnica surge nos discursos geográficos como a ação de transformação humana da natureza. É uma categoria de reconfiguração, portanto, da organização geográfica. Seu objeto: a transformação da paisagem. Supostamente natural. A paisagem é tomada assim como um dado da natureza. E a técnica, a mediação que a substitui por uma forma nova. Há uma paisagem natural que dá lugar a uma paisagem humanizada. É assim com Sauer. Não mais assim, no entanto, com George. Neste há uma paisagem natural, que dá lugar ao espaço. O espaço é um ente criado. E, como tal, negação da paisagem.

Sabemos que nisso George está apenas personalizando uma passagem de fases de teoria de base. A teoria do estudo da paisagem está dando lugar à teoria do estudo da organização do espaço pelo homem. Quando, todavia, George passa a distinguir os modos de organização de vida em "sociedades da natureza sofrida" e "sociedades de espaço organizado", dizendo justamente que a sociedade de base natural é substituída pela sociedade de base técnica, passa ela a firmar uma nova teoria. As sociedades sem espaço são as sociedades sem técnica. E as sociedades com espaço são as sociedades com técnica. O mesmo podemos dizer das sociedades com natureza e sociedades sem natureza. Sociedades com paisagem e sociedades sem paisagem. Ou sociedades primitivas e sociedades modernas, em outros termos. Por técnica George refere-se à técnica uniformizante da Revolução Industrial.

O lado problemático dessa formulação discursiva é que primeiro a teoria substitui a paisagem pelo espaço, depois o espaço pela técnica. Não por acaso é isso precisamente o que distingue os livros didáticos mais antigos dos livros didáticos mais recentes. Os livros didáticos mais antigos são discursos da paisagem. Os livros didáticos da transição são discursos do espaço. Os livros didáticos da terceira fase são já discursos da técnica. A paisagem vai desaparecendo gradualmente dos livros, depois o espaço, à medida que vai crescendo a presença da técnica. O pano de fundo é aparentemente o problema da crise ambiental. Tema que nos textos didáticos mais recentes da terceira fase é o centro de referência de todo o livro. Por hipótese, um problema de destruição da natureza e suas paisagens pela técnica.

É, entretanto, o conceito da técnica, não a técnica em si mesma, o fundo do dilema que aí se apresenta. A técnica é parte orgânica da relação homem-meio em Vidal. Cada local tem para ele sua forma de técnica própria, porque nascida da materialização do saber acumulado na lida com a natureza no artefato, ambiente natural e artefato técnico formando dois lados de uma mesma moeda. Nisso Vidal está expressando o mesmo sentido de conceito que leva Reclus a dizer que "o homem é a natureza consciente de si mesma". Ambos se referem ao caráter cultural da técnica em qualquer contexto de espaço e tempo. Daí que em Brunhes é o trabalho, não a técnica, a mediação, um fato psicossocial na linha filosófica de Henri Bergson. A técnica para ele vem a ser o recurso cultural que o homem usa para potencializar seu trabalho em sua busca de extrair da natureza os utensílios e meios de subsistência que o sustentem como ser vivo. A técnica também pode vir, e para ele frequentemente vem, do intercâmbio entre as sociedades de diferentes meios, mas para amplificar o poder psicossocial do homem em sua coabitação integrada com a natureza. É, assim, um componente ao mesmo tempo orgânico e autônomo em sua relação de entrelaçamento com o homem e a natureza. E que pode pender tanto para um lado quanto para o outro no balanço da coabitação destes. É um dado orgânico nas sociedades rurais do passado. E cada vez mais desorgânico nas sociedades industrial-urbanas do presente. O trânsito da sociedade primitiva para a moderna tem justamente esse significado de o desorgânico tomar o lugar do orgânico na sociedade constituída. É esse conceito da técnica que primeiro chega a George, um geógrafo brunhiano típico, que o relê, porém, à luz das ideias triunfantes dos anos 1950.

Sucede que é quando essa técnica desorgânica vira um problema ambiental. E ambiental porque de escala indiferente às diferentes paisagens. Desorgânica com relação aos meios nas sociedades de espaço organizado com dominante industrial, para usar a linguagem de George, a técnica torna-se desorgânica ao próprio todo do planeta quando esse tipo de sociedade se mundializa. E é essa técnica de intervenção predatória que se põe no centro desses livros de extração mais recente da terceira fase. Acendendo, porém, com seu espectro tecnicizante, o debate da teoria da relação homem-meio da geografia clássica que já vinha fenecendo.

É assim que o tema da relação homem-meio retorna. Mas não retorna com ela a paisagem. É já agora o espaço. A técnica é um dado acessório nas obras didáticas mais antigas e cada vez mais centralmente presente nas obras recentes. A paisagem, ao contrário, é um dado centralmente presente nas obras antigas e cada vez mais acessório nas obras mais recentes. Uma quebra no equilíbrio orgânico do arquétipo.

A paisagem é para a teoria geográfica originária o espaço onde os fenômenos da natureza e os fenômenos do homem se encontram e se fundem organicamente num mesmo todo entre eles. Elo orgânico em Vidal e ainda assim em Brunhes, Sauer e Sorre, não o é mais na teorização recente, para a qual o lugar de elo orgânico é o poder de construção ambiental da técnica.

O espaço é, entretanto, o resultante dessa forja de elos. O âmbito seja da técnica, seja da paisagem, sobretudo da paisagem como elo de interação estrutural dos fatos naturais e humanos entre si. É esse cunho ôntico-ontológico precisamente a essência holista da geografia das plantas de Humboldt. O espaço para ele é a síntese resultante da relação para baixo (o substrato abiótico) e para cima (o superstrato biótico) das plantas no interior da estrutura sistêmica da paisagem. Precisamente o que Brunhes vê, ao conceber o espaço como modo de ser estrutural da paisagem. E a paisagem como o modo de estar empírico do espaço. Um combinado que se desfaz quando o discurso hipotético de irredutibilidade recíproca dicotomiza natureza e homem no real e no mundo da ciência. Daí para frente o resultado é a insustentabilidade conceitual do próprio discurso geográfico. E nos dias recentes a dissolução da solução alternativa do modelo N-H-E que ele mesmo havia encontrado para manter-se em pé internamente.

A estrutura N-H-E é em si não mais que uma estratégia de ajuste epistemológico face o desmonte de integralidade pelo formato positivista e depois neokantiano da ciência geográfica. A integralidade fisicista do positivismo fornece-lhe a primeira forma. A fragmentaridade pulverizadora do neokantismo, a segunda. Até que o combinado de Geografia Sistemática e Geografia Regional se oferece como solução. É esse formato original que vemos orientar as construções discursivas dos currículos universitários e capitulares dos livros didáticos da fase de Azevedo. A paisagem é seu pressuposto integrador. E o espaço, o plano de constituição da paisagem como ponto de coabitação do todo. Dissolvida a paisagem na aceleração da pulverização neokantiana, desfaz-se a possibilidade do pensar a paisagem e o espaço. E assim o corpo aglutinante dos acamamentos. A técnica não logra aparecer como núcleo agregante de um eixo estrutural-estruturante. E assim desaparece o N-H-E como estrutura discursiva e com ele o arquétipo como fundo de permanência ontológica. Sem que mesmo dentre as teorizações do baú da reação antifragmentária viesse a surgir uma modelização que se estabelecesse como estrutura de trabalho alternativa. Os livros didáticos atuais são o reflexo disso.

O MUNDO DA GEOGRAFIA
QUE SE ENSINA

O que se viu para o campo teórico geral é o que se vê no específico do tratamento das realidades efetivas. Como nos modos de enfoque do mundo, um dos planos de formatação regional dos manuais e livros didáticos da geografia clássica.

Quando Varenius dividiu sua obra mater *Geografia generalis* nos volumes da Geografia Geral e Geografia Especial, lançou as bases do que viria a ser a Geografia Sistemática (também chamada Geografia Geral) e a Geografia Regional (a Geografia Especial). A primeira compreende o plano geral onde se definem as leis da geografia. A segunda, o específico de aplicação dessas leis aos recortes do espaço. Daí que o acamamento N-H-E que é tematizado como problema teórico no livro do 6º ano se desdobre nos estudos do 7º ano, dedicado à Geografia do Brasil, e ao 8º e 9º anos, dedicados às divisões regionais do mundo, mas com os problemas que vão afetando a leitura do tema da região.

A GEOGRAFIA DO MUNDO
COMO GEOGRAFIA REGIONAL

A teoria regional reflete os problemas teóricos da geografia sistemática. E alternativamente, por isso, se apresenta como solução. É assim que o múltiplo do acamamento só se completa quando a diversidade fenomênica das geografias física e humana setoriais encontra a forma concreta de se combinar na unidade sintética da região. Espera-se que as leis geomorfológicas, as leis climáticas, as leis biogeográficas, as leis pedológicas e as leis hidrológicas, no campo da Geografia Física, as leis agrárias, as leis urbanas, as leis populacionais, as leis industriais, no campo da Geografia Humana, se acomodem nesse recorte de síntese.

Há já aí um problema de fundo metodológico. Em Vidal a região é uma forma singular de síntese que só ocorre num lugar e uma vez na forma sintética como se faz. Ela não se repete. Já em Hettner a região é onde o movimento territorial das leis e fenômenos se cruza num processo local de diferenciação de áreas. É o conceito de Vidal que Lacoste rejeita, acusado de um conceito-obstáculo, e é o de Hettner com que de certo modo dialetiza, reelaborando no seu conceito de espacialidade diferencial. Seja num conceito como noutro, dar-se-á o acamamento N-H-E como um combinado de Geografia Sistemática e Geografia Regional, o conceito vidaliano obedecendo quase de modo mecânico o esquema do N-H-E na forma clássica como foi formulado por seus discípulos, e o conceito hettneriano se mostrando menos amoldante e mais rebelde a incorporá-lo. Daí que foi o conceito vidaliano que a tradição dos livros didáticos adotou.

A dinâmica geográfica das paisagens leva, entretanto, esse olhar conceitual a ter de pôr-se de acordo com a realidade da organização cambiante dos espaços. Durante muito tempo o mundo da geografia que se ensina foi o mundo clássico da geografia dos continentes. Elo da descrição enquanto cerne da teoria e do método, a geografia dos continentes é a teoria de regionalização em que tudo se apoia, se ergue e se estrutura com base e a partir do sítio, que para esse período é outro modo de dizer "continente". A partir dos anos 1950 essa teoria dá lugar à geografia georgiana do mundo dividido em países capitalistas e países socialistas, os primeiros por sua vez distinguidos em desenvolvidos e subdesenvolvidos. Até que também esse discurso dá lugar ao atual da globalização.

AS FORMAS DE MUNDO DA GEOGRAFIA QUE SE ENSINA

Há, assim, três modos distintos de falar do mundo na geografia que se ensina, a geografia dos continentes, a geografia do mundo tríplice e a geografia do mundo uno da globalização. E que repetem as três fases de evolução do livro didático que vimos no capítulo anterior. E seus mesmos acertos e problemas de epistemologia.

A geografia dos continentes

Os continentes são grandes regiões. Diferentes justamente pelos modos como combinam os conteúdos espacialmente cambiantes das camadas do N-H-E. O formato teórico dos livros dessa fase é, assim, o discurso do continente que recebe e aloja nas camadas de seu substrato físico as camadas do conteúdo humano. São continentes de conteúdos, havendo tantos mundos quantos são os sítios continentais.

Dois manuais didáticos de diferentes tempos exemplificam esse modelo: *Os continentes*, de Aroldo Azevedo, e *Geografia*, de Cloves de Bittencourt Dottori, João Rua e Luiz Antonio de Moraes Ribeiro. O primeiro foi escrito para o ensino fundamental 2.

Os continentes, volume 4 da coleção *O Brasil e o mundo*, de Azevedo, segue a mesma máxima pestalozziana de ir do próximo ao distante. Assim, começa a ordem de sequência pelo capítulo de nosso continente, o continente americano, seguindo num percurso de sentido do relógio da América do Sul para a América Central, a América do Norte, a Europa, a África, a Ásia e a Oceania, e como que fechando voltando ao ponto de partida. Em cada continente Azevedo vê o modo de entrelace da base física, da vida humana e da vida econômica, e as formas das culturas então daí resultantes. Completa-os o quadro das divisões regionais internas, repetindo para cada qual a sistemática triádica do acamamento, analisando ao fim cada país específico sob essas mesmas características de acamamento. O circuito do tratamento vai, assim, dos continentes às regiões internas e destas aos países, recortes de escala de espaço que vão repetindo em detalhamentos cada vez mais específicos as componentes de camada N-H-E.

Já *Geografia*, volume 1 de uma coleção de 3 para o ensino médio, de Dottori, Rua e Ribeiro, segue a ordem oposta, indo da mais distante região europeia para chegar à região sul-americana, mais próxima. O livro segue, assim, num circuito sucessivo os capítulos da Europa, da África, da Oceania, da Ásia, da União Soviética e, por fim, das Américas. E embora seguindo igualmente a sequência de escala espacial que esmiúça o acamamento continental do N-H-E em níveis de escala mais localizada, seguindo do continental ao regional e, por fim, aos países, adapta a diversidade regional à realidade mutante, vendo para o mundo europeu a divisão também em capitalista e socialista.

Sítio, posição-situação e estrutura N-H-E assim se combinam nos formatos teóricos desses dois livros, assegurados pelo foco no embasamento continental e sub-regional dos recortes. Cada continente, dentro dele cada região e dentro de cada região cada país, se distingue pela propriedade distintiva do sítio, da posição-situação e da estrutura N-H-E correspondente, obedecendo a sistemática do sítio que aloja o conteúdo físico, este, o conteúdo humano e este, por fim, o econômico, de onde deriva a peculiaridade da cultura como ponto de ênfase do livro de Azevedo e da vida política como ênfase do livro de Dottori, Rua e Ribeiro. Se no livro de Azevedo avulta o colorido dos traços culturais dos trajes, religiões e festas dos povos, no livro de Dottori, Rua e Ribeiro realça-se a diferença dos blocos com seus regimes-tipos de sociedade, a originalidade societária da União Soviética se ressaltando num tratamento de capítulo exclusivo.

A geografia do mundo tríplice

O livro *Geografia* já transita para a segunda fase do mundo da Geografia que se ensina com sua ênfase no foco sociopolítico. O mundo torna-se tríplice com a divisão dos países em capitalistas desenvolvidos, capitalistas subdesenvolvidos e socialistas, mas a partir de um combinado de duplos, em que os países primeiro se dividem em capitalistas e socialistas e depois os países capitalistas, em desenvolvidos e subdesenvolvidos. É uma regionalização que parte dos sítios dos continentes, mas para vê-los como espaço-receptáculos de ordenações político-sociais essencialmente.

O fim do socialismo da União Soviética e dos países do Leste Europeu leva, entretanto, esse mundo tríplice a primeiro se simplificar na dualidade básica do desenvolvimento-subdesenvolvimento, e em seguida na multiplicidade dos blocos que antes já vinham se formando e ganhando o cunho correspondente de um confronto de áreas de influência, surgindo assim a área do dólar, polarizada na influência dos Estados Unidos, a área do marco, polarizada na influência da Alemanha, e a área do iene, polarizada na influência do Japão.

Escolhidos aleatoriamente, um conjunto de livros exemplifica de forma variada essa cartografia de mundo duplo/tríplice: *Geografia ativa: o espaço mundial, contrastes e mudanças*, volumes 3 (8º ano) e 4 (9º ano), de Zoraide Victorello Beltrame; *Geografia: o mundo subdesenvolvido* (8º ano) e *Geografia: o mundo desenvolvido* (9º ano), de Melhem Adas; *Geografia: homem & espaço*, volumes do 8º e 9º anos, de Elian Alabi Lucci e Anselmo Lazaro Branco; *A nova geografia: desenvolvimento e subdesenvolvimento*, volume 4 (9º ano), de Demétrio Magnoli e Reinaldo Scalzaretto; e *Geografia: espaço e vivência*, 8º e 9º anos, de Levon Boligian, Rogério Martinez, Wanessa Pires Garcia Vidal e Andressa Turcatel Alves Boligian.

Geografia ativa: o espaço mundial, contrastes e mudanças, de Beltrame, expressa a generalização dos duplos arrumados em três mundos, mas tomando o encarte dos continentes como base do formato. O mundo é dividido em norte-sul, forma de regionalidade como a autora o vê dividido em desenvolvidos-subdesenvolvidos. O volume 3 (8º ano) trata dos países do sul, a América Latina, "a pobreza do homem em terras de riqueza", África, "um continente enfraquecido pela opressão", e Ásia, "as várias faces de um continente". E o volume 4 (9º ano) dos países do norte, a América Anglo-Saxônica, "grande polo econômico do mundo atual", Europa, "a caminho da integração política e econômica", a pós-União Soviética, e Ásia-Pacífico, "um agressivo mercado em expansão". Cada continente é descrito por seu agregado N-H-E de natureza, população e economia de escala continental, seguido do esmiuçamento da escala sub-regional e, por fim, da escala local dos países.

Geografia, de Melhem Adas, é o clássico livro voltado para o duplo subdesenvolvimento-desenvolvimento arrumado também no sentido da clivagem sul-norte, com o volume do 8º ano dedicado ao sul subdesenvolvido, tomando por início analítico a América Latina, seguido da África e da Ásia, e o volume do 9º ano ao norte desenvolvido, visto na sequência Europa, Rússia/CEI, Japão-China-Tigres Asiáticos, América do Norte. Já apontando para a revisão do olhar regional que está a caminho, com a superação do duplo sul-norte, a Europa é dividida em Europa nuclear (a Europa dos 25), Europa ex-socialista e a "outra Europa". A escala do discurso arruma-se no alinhamento espaço-território-lugar.

Geografia: homem & espaço, de Lucci e Branco, é o discurso de mundo como um combinado de geografia dos continentes, geografia do duplo/triplo e geografia da globalização, lido à luz da mundialização da revolução tecnocientífica capitalista. A globalização e sua teia de problemas de urbanização, sociedade de consumo e desorganização do meio ambiente, corrigível pelos termos de um desenvolvimento sustentável, são os temas. Países e sub-regiões agrupam-se em desenvolvidos ou subdesenvolvidos segundo o quadro dessa problemática dependente do estado agrário ou industrial de seus continentes.

Geografia: espaço e vivência, de Boligian, Martinez, Vidal e Boligian, é um combinado da geografia do duplo mundo e geografia da globalização, a globalização fraturada no duplo dos países subdesenvolvidos (livro do 8º ano) e desenvolvidos (livro do 9º ano). Vai-se dos países subdesenvolvidos aos desenvolvidos, os problemas técnicos, socioeconômicos e ambientais que fazem dos subdesenvolvidos os primeiros e desenvolvidos os segundos, avaliados à luz das interações da natureza, do trabalho e da atividade econômica, numa versão reconceitualizada dos termos do N-H-E com o trabalho como elo entre a natureza e a economia.

A nova geografia: desenvolvimento e subdesenvolvimento, de Magnoli e Scalzaretto, por fim, é o olhar da passagem do mundo tríplice de fundo sociopolítico para o global-fragmentário dos blocos econômicos. A organização da economia mundial e a crise do socialismo e seus efeitos de uma nova ordem internacional são o eixo da leitura. Vai-se dos formatos ambientais aos populacionais e econômicos, vistos à luz dos contornos continentais e blocos: os EUA, "uma potência em crise", a Europa e Alemanha da Comunidade Econômica Europeia e o Japão moderno, centros dos seus respectivos blocos de influência, a América Latina, a tragédia africana, a civilização islâmica e a Ásia das monções, suas componentes.

É uma segunda fase que se distingue ao tempo que se mantém estruturada nos aspectos essenciais da primeira. A base continental e divisões regionais clássicas aparecem esgarçadas. E dilui-se no tratamento o acamamento do N-H-E.

O DISCURSO DO AVESSO

A geografia do mundo em rede

A mudança da forma tríplice é a indicação da grande metamorfose nas paisagens e interações espaciais que vem com a globalização. O formato espacial perde os marcos de recortes claramente desenhados de antes. A fluidez domina os movimentos de interação. E tem-se a sensação de um só mundo com as idiossincrasias de seus problemas comuns e suas desigualdades.

Um conjunto de livros registra em seus detalhes essa terceira fase: *Geografias do mundo: redes e fluxos*, de Marcos Bernardino de Carvalho e Diamantino Alves Pereira; *Geografia: espaço e vivência*, de Levon Boligian e Andressa Alves; *Geografia*, de Valquíria Pires Garcia e Beluce Belucci; *Geografia e cidadania*, de Eustáquio Sene e João Carlos Moreira; e *Geografia, pesquisa e ação*, de Angela Corrêa Krajewski, Raul Borges Guimarães e Wagner Costa Ribeiro.

Geografias do mundo: redes e fluxos, livro do 9º ano, de Carvalho e Diamantino, é o olhar do mundo arrumado em rede e visto pelo quadro de seus problemas globais. As instituições e os centros mundiais de governo, a mobilidade e urbanização global da população, a planetarização do problema ambiental, são os capítulos-temas.

Geografia: espaço e vivência, livro 3 do ensino médio, de Boligian e Alves, é igualmente um olhar do mundo espacialmente globalizado em sua estrutura e organização, a passagem da bipolaridade para a ordem globalizada, a divisão nos grandes blocos, o comércio mundial em rede, os problemas do consumismo, ambientais e de conflitos e desigualdade social.

Geografia, de Garcia e Belucci, dedica o livro do 8º ano ao mundo ainda duplo/ triplo e de arrumação continental com suas bases físicas, populacionais e econômicas, os lugares e as paisagens socionaturalmente organizados, o duplo desenvolvido-subdesenvolvido dos países; e o 9º ano, ao mundo global, a conexão em rede, o efeito global da técnica, os fluxos interacionais, a regionalização em blocos, os problemas de fronteiras, das reações culturais e de geopolítica global.

Geografia e cidadania, de Sene e Moreira, generaliza essa estrutura, o livro do 8º ano voltando-se para o tema do caráter sócio-histórico dos espaços, a natureza e problemas ambientais, as populações e sua fluidez, a centralidade técnica industrial-agrária e conexão em rede dos transportes; e o livro do 9º ano, para a globalização, as estruturas globais das relações do comércio e das cidades, a emergência dos tecnopolos e os problemas sociais das populações, dos conflitos de geopolítica e ambientais.

Geografia: pesquisa e ação, volume único para o ensino médio, de Krajewski, Guimarães e Ribeiro, é uma síntese da estrutura da geopolítica tríplice, os conflitos étnico-religiosos, a arrumação industrial-agrário-circulatória em rede da economia, a marca da urbanização, os desafios da planetarização dos problemas ambientais e a simultaneidade dos movimentos sociais.

É uma fase de dissolução da linha N-H-E de enfoque. A divisão do mundo em continentes continua a referência cartográfica, mas esbatida pela organização em rede global dos países. A relação homem-meio ganha um sentido mais técnico que paisagístico-espacial, o tratamento continental-regional e por decorrência do acamamento N-H-E só aparecendo como longínquo pano de fundo. O mundo se torna global, mas o duplo/triplo de estrutura espacial é ainda o predominante nesse enfoque regional esmaecido. A geografia física setorial e a geografia humana setorial são também referências assistemáticas no misto de físico-humano genérico que é o olhar tecnoambiental dominante. A geografia da população se dilui na dimensão antropossociologizada das manifestações de culturas e dos movimentos sociais. O repertório vocabular clássico do sítio, posição, situação, habitat, região, continente é substituído pelo de transversalidade que atravessa o tema da rede global.

OS PROBLEMAS DO MODELO N-H-E NAS REALIDADES EFETIVAS

É na materialidade das regionalizações que os problemas do plano das geografias sistemáticas se exprimem com mais clareza. A diluição do modelo de acamamento-arquétipo caminha visivelmente dos livros da primeira para os da última fase, a linha discursiva da tradição dissolvendo-se sem que outra de base epistemológica clarificada a substitua, jogando a grande parte dos livros didáticos no campo da linguagem geral que os movimentos de denúncia ambiental vão criando a partir dos anos 1970. O que se mostrara uma solução para os impasses criados pela chegada do viés neokantiano de teoria do conhecimento aos poucos vai se revelando um deslocamento de problema. Primeiro o olhar arquetípico é esmaecido junto à pulverização generalizada das geografias setoriais sistemáticas. Depois essas setorialidades se hibridizam numa relação de fronteira que se oferece como alternativa a uma sintaxe ontoepistemologicamente dissolvida. Por fim, a linguagem se ecletiza numa mistura de transversalidade buscado no campo transfronteiriço do movimento socioambiental. Daí a impressão de dissolução agora das próprias geografias setoriais sistemáticas, enraizadas nas teorias científicas brotadas nas ciências de fronteira do diálogo, cujo exemplo conspícuo é a Ecobiogeografia que orienta as leituras de relação homem-meio dos livros em sua fala do mundo rearrumado em rede.

Uma clara dissolução de fundamentos avança via pura e simples pela incorporação de teorias novas que as geografias físicas e humanas setoriais vão trazendo de fora no correr do século XX num ato típico de mimetismo de vizinhança. Alertado por

O DISCURSO DO AVESSO

esse dilema, Tricart vem a público chamar a atenção justamente para isso, ao reclamar da Geografia Física o abandono de seus parâmetros específicos em benefício de uma incorporação apressada e sem cuidados do conceito do ecossistema. Ao mesmo tempo propõe como forma uma relação recíproca de olhares em que a Geografia Física absorve epistemologicamente o foco ecológico integrado do olhar ecossistêmico e em troca oferece o seu olhar setorial-sistemático de integração físico-humana faz tempo montado pelos fundadores e pelos clássicos, dentre os quais Humboldt, que ao fim e ao cabo é no fundo a referência de todos esses discursos.

Os livros didáticos da terceira fase revelam a inobservância desse alerta doméstico – na verdade válida seja para a Geografia Física, seja para a Geografia Humana – apontada por Tricart em seu hoje clássico *Ecodinâmica*, antes preferindo dissolver homem e natureza no olhar puramente transversalizado do discurso ambiental dominante.

E é essa a linha de continuidade que une o livro do 6º ano, de cunho teórico geral-sistemático, e os livros dos volumes do 8º e 9º anos, de cunho regional-concreto, nas séries de didáticos. O modelo de arquétipo-acamamento de extração kantiana desaparece sucessivamente no passar dos anos, sem que uma outra base de epistemologia – ter alguma base foi o motivo do nascimento do modelo nos idos da virada dos séculos XIX-XX – aparecesse como âncora de um padrão de leitura geográfica definida.

Não se diga que o modelo de N-H-E tenha sido abandonado de todo. O pressuposto de recorte que o traz do campo teórico-sistemático para o regional-concreto de algum modo foi mantido. Há uma clara progressão de um enfoque de regiões naturais nos livros da fase da geografia dos continentes para o de regiões político-econômicas nos livros da fase da geografia do mundo duplo/tríplice e, por fim, para o de regiões sociotécnicas dos livros da fase da geografia do mundo em rede. A paisagem que é o apanágio da leitura da relação homem-meio da primeira vai desaparecendo, todavia, no curso da passagem para as formas de regionalização que a vão sucedendo. E o espaço que aparentemente é o fundo orgânico de todo discurso de região vai substituindo a paisagem como categoria de nexo estruturante, até que igualmente desaparece frente o conceito tecnoambiental que o discurso de transversalidade oferece como estofo linguístico.

Se a base teórico-sistemática do 6º ano lembra ao fim um modelo velho sem a essencialidade ontológica que epistemologicamente o validara, a base regional-concreta dos livros do 8º e 9º anos lembra a imagem de um modelo de rosto sem traços. Os primeiros bem ou mal mantêm um esquema de entendimento definido. Os segundos trazem o dilema de ver a gama temática de uma atualidade já por princípio fluida aparecer sem o ponto de aglutinação que por suposto convalida todo discurso de ciência que busque dizer no espelho do diálogo dos saberes afinal para o que veio.

|122|

O BRASIL DA GEOGRAFIA QUE SE ENSINA

Já ninguém hoje se mantém inteiramente na ideia de que o ensino da Geografia é uma prática neutra perante as concepções de vida, de sociedade e de mundo. Isso porque mesmo a mais leve reflexão crítica evidencia que a Geografia que se ensina é uma concepção de vida, de sociedade, de mundo. Talvez a Geografia do Brasil que se ensina seja o melhor exemplo.

Assim, na Geografia do Brasil que se ensina há um Brasil que é uma concepção de Brasil e de sociedade brasileira. Justamente pelo fato de a Geografia do Brasil que se ensina ser a veiculação de uma concepção de Brasil e de sociedade brasileira, é preciso esclarecer que Brasil é este que os currículos universitários e os manuais escolares estão veiculando e sedimentando através dessa forma de prática social que são a aula e os livros (aqui se incluindo o Atlas Geográfico).

O Brasil que se ensina, assim como o mundo do 8º e 9º anos e a teoria geográfica do 6º ano, tem variado com o tempo do livro didático. Assim como cada contexto de tempo produz seu livro didático, expresso na visão de Brasil e de mundo de seu autor, o livro didático produz seu contexto, nem sempre sendo claro onde o Brasil real e o Brasil do livro didático têm fronteira definida.

O BRASIL DO LIVRO DIDÁTICO

Por muito tempo o Brasil do professor foi uma colagem de partes que se agrupam nos quatro módulos habituais do modelo de acamamento-arquétipo: o quadro geopolítico/histórico, o palco, os atores e a ação dos atores no palco. Há, assim, o

O DISCURSO DO AVESSO

painel introdutório, o meio natural, a população e a economia. A este às vezes se acrescentando um quinto módulo: a síntese final, que pode ser a regionalização ou um leque de questões.

As variações no tempo em geral ficaram por conta da forma como se fez a colagem dos fragmentos, em função dela obtendo-se um Brasil mais ou menos atualizado, mais ou menos claro, mais ou menos ideologizado. Assim, incluem-se subtítulos ou títulos de temas novos ou vistos de forma nova; desloca-se o bloco de uma parte para o início, meio ou fim, ou mesmo para o âmbito de outra parte; faz-se o texto enriquecer-se com o anexo de leituras adicionais. Vezes há em que se leva a exposição para o ufanismo do "Brasil Grande" ou para a crítica-denúncia do subdesenvolvimento, a depender da visão do autor e do tempo. Sempre, porém, é a lógica férrea do padrão N-H-E o arcabouço dos livros.

O painel introdutório ou a soma e o resto

Praticamente as diferenças entre as abordagens aparecem, e limitam esse aparecimento, no capítulo introdutório. Neste, num hábito persistente da antecipação, faz-se antepor à exposição os parâmetros com que se pretende nortear a abordagem como um todo do início ao fim do seu percurso.

Parte-se da noção de que todo estudo de geografia é o estudo de um recorte de lugar (região/país/continente), começando pela definição dos parâmetros que servirão de base para o andamento sequencial dos capítulos, escolhidos entre o arquétipo de Ptolomeu ou de Estrabão. No discurso de até alguns decênios, e que hoje encontra ainda largo curso, toma-se por começo a posição astronômica e geográfica ou as dimensões geográficas do território, a que o tempo acrescentou a alternativa da origem histórica na forma do bosquejo do processo do povoamento, assim seguindo-se um dos três parâmetros.

São três abordagens que não coincidem, mas entre si não diferem fundamentalmente. E que podemos simplificar na dualidade da abordagem espaço-formal, em que se despreza o conteúdo histórico-concreto para se fixar no nível exclusivo da forma, e na abordagem histórico-formal, em que se despreza a forma histórico-concreta para se fixar no nível exclusivo do conteúdo, acabando por frequentemente fazer-se, assim, uma geografia de um conteúdo sem forma ou de uma forma sem conteúdo. Se na primeira temos a geografia pela geografia, na segunda temos a história substituindo a geografia. Em ambos os casos conjuga-se com equívocos a relação que no fundo se pretende fazer da relação necessária entre o espaço e o tempo.

Aparentemente o enfoque espaço-formal seria o que, pela preocupação em embasar a exposição nos princípios da posição, cumpriria melhor o ritual epis-

|124|

O BRASIL DA GEOGRAFIA QUE SE ENSINA

temológico. Assim, pelo estudo da posição astronômica, fica-se sabendo que o Brasil se insere em 9/10 na faixa tropical da Terra, a exceção correndo por conta do extremo sul, situado na faixa subtropical do hemisfério sul. E pelo estudo da posição geográfica, fica-se sabendo que o Brasil situa-se nos hemisférios ocidental e sul, é banhado pelo oceano Atlântico e ocupa a metade centro-oriental da América do Sul. Do mesmo modo, pelo estudo das dimensões geométricas do território, fica-se sabendo que o Brasil é o país com maior extensão territorial e populacional no continente, seja a América do Sul, seja a América Latina, estando entre os quatro maiores em território do mundo. Extraem-se então desse quadro inferências cujo valor lógico os capítulos dos módulos seguintes se incumbirão de pôr em evidência: o Brasil é um país caracterizado pela tropicalidade, fato de suma importância ao entendimento de sua própria genealogia colonial; encontra-se no lado ocidental do conflito Ocidente-Oriente e no lado sul do conflito norte-sul, enquadrando-se pois como um país capitalista em desenvolvimento; banha-o o oceano que põe em contato quase todos os continentes e países desenvolvidos do mundo e concentra quase todo o fluxo das relações internacionais de intercâmbio mercantil, tecnocientífico e cultural, podendo extrair dessa posição uma política de relações internacionais amplamente favorável. É, em resumo, um país-continente, dotado de grande potencialidade.

Por seu turno, se essa preocupação mínima com a epistemologia inexiste na abordagem histórico-formal, tem-se a vantagem aqui da atenção com o conteúdo. Assim, pelo estudo da reconstituição histórica, fica-se sabendo que o Brasil surge nos quadros da expansão colonial europeia, como um "capítulo do episódio da colonização", como diz Celso Furtado, e a herança é o seu atual estado do país subdesenvolvido. Enquadrado desde cedo na divisão internacional do trabalho originada pela expansão europeia, só recentemente deixou de ser um puro fornecedor de matérias-primas e importador de manufaturados, tornando-se hoje um país altamente industrializado. Todavia, tal industrialização carece de tecnologia e capitais, motivo por que é um país capitalista dependente. Extrai-se desse quadro de análise a conclusão de que se encontra no desenvolvimento urbano-industrial a sua saída, uma vez que todos os problemas que enfrenta decorrem do seu estado de subdesenvolvimento.

O módulo introdutório nos põe, assim, demarcados no mundo. E antecipa o fio condutor do raciocínio que irá costurando os capítulos sucessivos. Como prédirige os módulos seguintes, é o espelho do que se pensa. Feita sua exposição, daí por diante ter-se-á apenas o trabalho da demonstração empírica do que foi dito, numa espécie de um Brasil prévio.

O estudo da natureza

A demonstração empírica começa invariavelmente com os capítulos da geografia física setorial. E seu modo de tratamento que quebra a unidade dialética da natureza em cacos paralelos, na sequência N-H-E clássica que separa em capítulos distintos litoral, geologia, relevo, clima, rede fluvial, vegetação, solos, aqui e ali ocasionalmente sintetizados em domínios naturais.

Estamos no terreno fragmentário, em que pese a rede de causalidade dos fenômenos ser melhor pesquisada e difundida nos trabalhos clássicos de Geografia Geral e do Brasil justamente do âmbito dos fenômenos naturais. Campo em que o processo da industrialização mais investe e as relações ficam mais transparentes, é nele onde as explicações científicas melhor têm podido ocorrer, fazendo que as chamadas ciências naturais apareçam como mais avançadas que as chamadas ciências sociais do ponto de vista do conhecimento e a perspectiva teórico-metodológico aí melhor se resolva no Brasil e no mundo. A assimilação desse maior avanço permitiria um tratamento de maior profundidade que nas demais partes do Brasil fragmentário. E a descrição poder se encontrar num entrelaçamento mínimo com a explicação e a interpretação. Tal não é, entretanto, o que acontece.

A natureza segue sendo tratada como um armário repleto de gavetas, em que pese a assimilação das novas ideias teóricas que a evolução setorial geral das ciências tem oferecido. É assim que o olhar genético das movimentações de massas e frentes da climatologia dinâmica tomou o lugar do tratamento em separado dos "fatores", tais como latitude, altitude, e dos elementos, tais como temperatura, pressão e umidade, dos estudos de climatologia analítica no estudo do clima. O movimento das placas tectônicas, o das explicações mais antigas no estudo do relevo. E os conceitos ecobiogeográficos, o das descrições taxonômicas no estudo dos biomas. O armário ainda assim sobrevive.

Mas é sobretudo o objeto de inferência que se mantém como eixo reitor desses capítulos, o propósito de base dos acamamentos expresso no mapeamento de potencialidades dos recursos naturais, como:

1) a linearidade da costa é pouco propícia às instalações portuárias, mas a localização costeira abre a quase todas as unidades da Federação a oportunidade das comunicações internas e internacionais por mar, devendo-se lembrar que o Brasil é um país atlântico;

2) a propriedade geológico-geomorfológica confere aos terrenos uma estabilidade tectônica e uma topografia suave de planaltos e planícies importantes para o povoamento, o traçado das comunicações terrestres e o uso e a ocupação agropastoril;

O BRASIL DA GEOGRAFIA QUE SE ENSINA

3) a antiguidade da geologia é desfavorável aos combustíveis fósseis (carvão e petróleo), mas dada a alternativa do petróleo, que cada vez mais encontramos na plataforma continental, é igualmente favorável aos metais ferrosos;
4) a simplicidade da forma da climatologia confere a quase todo o país a marca da tropicalidade propiciadora de uma ininterruptabilidade das atividades econômicas rurais e urbanas por todo o ano, a ela se acrescentando a sub-tropicalidade do sul que amplia o leque das possibilidades de variação de cultivos quase que absoluta;
5) a combinação clima-relevo alterna rios de planalto e de planície de alto potencial de energia e navegabilidade;
6) a combinação pedológica e vegetal comporta diferentes usos do solo, embora os solos do tipo eutrófico (bons em nutrientes) atinjam apenas 18% da área do país, embora significando mais de 145 milhões de hectares em termos absolutos.

Tal balanço levanta a necessidade de não se tomar os recursos como infindos, particularmente dado se tratar de um país marcado pela tropicalidade, onde são fortes as chuvas e o calor, que podem abrir para fortes ações de processos erosivos face uma devastação histórica descontrolada da cobertura vegetal. Tema grave a se considerar que a prática conservacionista mal chegou até nós e longe está de haver um debate entre o conservacionismo e a ecologia política. Mas essas são interferências deixadas para os módulos de fechamento, como um tema a mais.

O estudo da população

Segue o capítulo da população, quebrado nas seções paralelas do crescimento, da estrutura, mobilidade e distribuição territorial. O estudo do crescimento nucleariza o capítulo, concebido como o ponto de origem simultaneamente da estrutura, do movimento da mobilidade territorial e, através deste, da repartição. Por isso, normalmente se começa pelo capítulo do crescimento, puxando o fio da meada dos estudos.

É um estudo linear. Arrumado no duplo da abordagem da Geografia do Brasil, a população é em geral encarada de modo mecanicista. Na abordagem espaço-formal a população é vista pela regência das leis demográficas, compreendidas como tendo o poder de deslocar-se do âmbito populacional para o da regência da economia. O crescimento demográfico tem efeito direto na trajetória do crescimento econômico, podendo barrar seu ritmo e rumo. A distribuição territorial reflete em boa parte o efeito do meio natural, a técnica vindo como forma de corrigi-lo. Já na abordagem histórico-formal a população é vista pelas leis da história, seu

|127|

O DISCURSO DO AVESSO

crescimento, estrutura e distribuição territorial exprimindo os efeitos imediatos das transformações econômicas. É famoso o gráfico da ascendente cartesiana da população contemporânea, numa relação reflexa da Revolução Industrial.

Tal como nas teorias em que os livros didáticos se inspiram, a dinâmica da população é indiferente ao homem como sujeito de si mesmo, resvalando aqui e ali nessa leitura invertida. Daí que é nos estudos de população que a relação do homem com o meio e com a sociedade mais acumula equívocos. Exemplo disso é o vaivém do peso do meio nesses estudos. Cada vez mais visto à luz da mediação da técnica industrial, o meio ora desaparece, ora volta a aparecer na ordem de importância. É assim que até os anos 1960-1970 a presença da população aumenta ao passo que a presença do meio diminui até sumir, e o estudo da população se descola da base natural para vincular-se à base técnica inteiramente. Estamos no auge dos estudos do subdesenvolvimento. E o peso dos pratos da balança primeiro se equilibra e depois se inverte. O mergulho do tema da população no conceito do subdesenvolvimento, dando ênfase aos indicadores sociais do analfabetismo, desnutrição, desemprego-emprego, níveis de renda, os "caracteres constitutivos" de Lacoste na *Geografia do subdesenvolvimento* e em *Os países subdesenvolvidos*, carreia o debate para o campo da relação necessidades humanas *versus* recursos naturais, em que os recursos vão escasseando frente à "explosão demográfica", valorizando na Geografia do Brasil que se ensina os dados do meio ainda inexplorado da fronteira agrícola. A população jovem no Brasil se equilibra com a adulta e velha juntas, dando origem a uma sobrecarga da população inativa (jovens e velhos) sobre a população ativa (adultos), quase numa relação de 1 para 1; a população rural, epicentro dessa explosão, alimenta o êxodo rural que precipita a urbanização; a urbanização traduz-se num "inchaço urbano" que torna as cidades concentrações de numerosa população socialmente marginalizada nas favelas de Salvador, Recife, Rio de Janeiro, São Paulo, Belém. Ajuda a resolver esses problemas o fato de o território brasileiro ainda fracamente povoado ser extenso, naturalmente rico e formar uma enorme reserva de recursos naturais e espaço para ocupação. Apoiado na impulsão industrial, o povoamento, até então litorâneo, pode até se expandir como uma mancha de óleo para o "vazio" demográfico do interior, levando a fronteira demográfica a aproximar-se da fronteira política. A transferência da capital do litoral para o planalto central, com a criação de Brasília, é parte dessa marcha para o oeste enquanto política de Estado com vista a equilibrar o balanço brasileiro das necessidades humanas *versus* recursos naturais seja de meios de vida, seja de espaço para povoamento. É quando a crise ambiental desloca o balanço para o polo oposto, o tema da devastação do meio ambiente vindo a dominar os estudos da população.

O estudo da economia

Dissecados os capítulos da natureza (a base física) e do homem-população (a vida humana), entra-se nos capítulos da economia (a vida econômica), fechando-se o circuito do N-H-E. Daí ser o módulo da relação econômica o de maior ecletismo, conjugando a abordagem espaço-formal e a abordagem histórico-formal no esqueleto geral da divisão territorial do trabalho.

A abordagem espaço-formal particulariza a descrição das atividades econômicas segundo seus quadros técnicos naturais de distribuição. Começa-se com o capítulo da agricultura, suas áreas naturais de produção e sistemas de cultivo. Segue-se o capítulo da indústria, sua rede de montante-jusante, que inclui o balanço das áreas e fontes de recursos naturais (minérios e energia), suprimentos de recursos agropastoris (alimentos e matérias-primas) e centros de consumo num espaço de relação cidade-campo hierarquicamente arrumada a partir do equipamento terciário das cidades. Finda-se com o capítulo do sistema de circulação, os meios de transporte, comunicação e rede de transmissão de energia que juntam aqueles fatores da industrialização ao redor das cidades-polo de localização da indústria.

Já a abordagem histórico-formal analisa essas atividades na perspectiva temporal do povoamento, da evolução econômica e formação das regiões, baseada no acúmulo espacial dos ciclos econômicos (cana-de-açúcar, mineração, gado, borracha e, por fim, café), daí extraindo a explicação (1) das origens da industrialização na cafeicultura; (2) do seu papel na reorganização do espaço brasileiro e (3) do seu lugar na formação dos desequilíbrios regionais. Pensa-se que fica assim mais lógica a presença das gavetas do armário-Brasil, a fragilidade de suas interligações, a compreensão retroativa da aceleração demográfica, do êxodo rural/urbanização e da estrutura da população ativa, mas sobretudo a fundamentação explicativa do atual estágio e características do subdesenvolvimento, quando, então, fica transparente por que o Brasil é um país capitalista dependente.

Ordenando o armário-Brasil

São capítulos dos conteúdos da especificidade geográfica brasileira, ordenados no parâmetro padrão da literatura clássica. Assim, no módulo da natureza incluem-se a discriminação e convergência dos elementos nos compartimentos de domínios de paisagens. No módulo da demografia, o balanço da inserção da população nos quadros de interação da natureza e da economia dentro da divisão territorial do trabalho. E no módulo da economia os detalhamentos territoriais da relação homem-meio. Os autores mais avançados incluem os problemas socioambientais do campo (erosão, desequilíbrios ecológicos, agrotóxicos), da indústria (o emprego industrial, a renda, a poluição), da cidade (o consumo, os serviços, as acessibilidades) e do todo da integração nacional.

Fechando o armário

Nem sempre é com a síntese que se fecha essa sequência de informações catalográficas, essa apresentação em almanaque. Há os que sintetizam as gavetas com um módulo de regionalização. E há os que o fazem com um naipe de questões. Tudo num arremate de como se começou.

É assim que a regionalização depende do que se foi dizendo do entrelaçamento das atividades terciárias dos centros urbanos, quando se fecha com as regiões polarizadas, ou das diferenciações dos processos produtivos segundo os marcos naturais dos recortes de espaço, quando se fecha com as regiões homogêneas. O mesmo se diga para as questões, fazendo-se o apanhado do que se soltou de problemas de natureza, agrários, urbanos etc., no interior dos capítulos das gavetas.

O TRAÇO-CHAVE DO OLHAR

A evolução do tratamento leva o discurso fragmentário a ganhar um traçado mais analítico face à combinação de abordagens. A análise mais profunda revela, todavia, o tratamento de relações paralelas e de externalidades que temos visto.

Mas falta principalmente uma tese hipotética de encaixes que ouse avançar uma teoria do Brasil com olhos geográficos, embora já se possa entender nesse sentido a tomada da divisão territorial do trabalho e das trocas como ponto de partida do olhar.

O processo do método

O método que se usa na Geografia do Brasil que se ensina é o método geral da Geografia, o neokantiano que se pode resumir essencialmente em três pontos: 1) olha-se a paisagem como uma soma de partes; 2) arruma-se essas partes na sucessão do padrão N-H-E; 3) leva-se cada parte a correlacionar-se até chegar a uma totalidade-síntese.

A própria forma como se analisa a divisão territorial do trabalho mais se aproxima de uma pletora de campos de dicotomia que recurso de integração das geografias setoriais. Há, assim, o meio e o homem, o homem e a economia, a sociedade e o Estado, a região e o todo, mas sobretudo a cidade e o campo a partir da qual a própria divisão territorial do trabalho se ergue e se entrosa através de suas trocas.

A ideologia do Brasil que se ensina

É de se indagar, assim, que Brasil a Geografia do Brasil que se ensina faz então desfilar. Qual é o Brasil do professor?

Duas linhas de respostas se desdobram de imediato frente a essas perguntas. Uma que apresenta o Brasil como um todo formado de reunião de partes tão diferenciadas umas das outras que esse todo acaba por não ter uma face propriamente de sociedade brasileira. Outra que oculta por trás de expressões adjetivas como país tropical, país-continente, país-potência, país do futuro, país em desenvolvimento, país emergente uma leitura que se passa de uma concepção de país, não de sociedade com sujeitos de carne e osso propriamente. Discursos de um Brasil sem o rosto que o personalize. São discursos de politização pela despolitização do sujeito. Tem cara de que/quem o Brasil?

País-bricolagem, o que aqui se arrola como rol de características, tais como tropicalidade, subdesenvolvimento, dependência, mais à frente se apresenta como a própria face nacional encarnada de um país. Pergunte-se então à Geografia que se ensina que país é o Brasil e se terá uma descrição de externalidades. O adjetivo vira o substantivo. A aparência vira a essência.

A ESPACIALIDADE DIFERENCIAL

Nos anos 1940 Waibel visualizara em trabalhos de campo um quadro de organização do espaço fortemente marcado pelo contraste entre a consorciação lavoura-mata e gado-campo que logo percebe ser a própria expressão da forma geográfica do Brasil. A lavoura forma a fachada costeira e o gado, o miolo territorial do interior, essa correlação mostrando a Geografia brasileira como um todo moldado pela sobreposição direta dos grandes traços geobotânicos e geoeconômicos. Um quadro-retrato de um todo de espaço nacional que a década seguinte iria alterar completamente (Moreira, 2011).

Trata-se na explicação de Waibel de um modo de ocupação reflexa de uma economia agroexportadora que concentrara seus produtos, homens e cidades na área costeira, deixando para o interior a função ancilar da subsistência pastoril e ao mesmo tempo de um diferencial de solos de qualidade mais fértil nas áreas florestais da fachada atlântica e mais pobre nas áreas de cerrado do miolo territorial com seus efeitos de seletividade espacial.

A década seguinte vai conhecer uma radical transformação desse desenho. Agindo como se numa espécie de inversão waibeliana, a indústria traz o gado para uma fachada florestal inteiramente degradada e leva a lavoura para um miolo interiorano tecnicamente recriado, indicando no efeito locacional combinado da relação interna do mercado e da intervenção agronômica sobre aquele diferencial de solo a substituição da ossatura da correlação geobotânica-geoeconômica de antes pela multicelular da relação cidade-campo de trocas que a divisão territorial urbano-industrial do trabalho introduz.

A cidade e o campo

O Brasil é um país de contraste, diz Roger Bastide, no mesmo período dos anos 1940. Seu foco são os aspectos da cultura, mas que apontam para o contraste espacial entre a cidade e o campo, o Sudeste e o Nordeste, o capital e o trabalho que a cultura imaterialmente exprime. Qualquer viagem pelo país expõe, mesmo aos olhos mais alheados, essa prodigalidade de contrastes, fruto das relações econômicas herdadas da sociedade colonial e que a urbano-industrialização amplia.

São a cidade e o campo o retrato mais claro desse quadro característico do país. Não há cidade brasileira em que favela e espigão não coabitem um mesmo espaço. Não há campo em que os muitos com pouca ou sem terra e os poucos com muita terra não formem esse traço. Há um fio comum de desigualdade social que atravessa a paisagem do campo e da cidade arrumando a Geografia do Brasil numa mesma espacialidade diferencial.

A vertente urbana

O arranjo do espaço urbano é a reprodução direta do perfil desigual da distribuição da riqueza nacional. São reflexos recíprocos no espelho do arranjo do espaço urbano a distribuição territorial e o extrato de renda monetária dos moradores da cidade. Cada extrato social da população urbana se distribui pela cidade segundo o pedaço da renda nacional que lhe cabe. E é essa correlação entre distribuição territorial e extrato de renda monetária que leva a cidade a dividir-se em bairros de pobres, bairros de classe média e bairros de ricos.

O extrato da renda monetária é, todavia, uma face do arranjo do espaço urbano, a outra sendo o valor da renda fundiária. Fruto combinado da propriedade privada dos terrenos e da repartição das acessibilidades urbanas, a renda fundiária age através do extrato de renda monetária, desse combinado vindo o quadro de possibilidades de morada das classes sociais da cidade. De modo que são essas duas faces juntas a fonte de origem imediata, embora não a mais profunda, dos contrastes do ordenamento urbano das cidades brasileiras. Trata-se de duas formas distintas e integradas de renda. E que expressam cada qual, a seu modo, o jogo mais amplo do movimento geral do valor.

O BRASIL DA GEOGRAFIA QUE SE ENSINA

É o valor a substância estrutural real do arranjo espacial da sociedade brasileira. A renda monetária e a renda fundiária são parcelas urbanas do valor, a renda monetária através da distribuição dos salários e a renda fundiária através do preço dos terrenos, cujo corpo parcelar mais amplo ultrapassa a fronteira da cidade para incluir as relações econômico-sociais do campo indo a abranger toda a complexidade estrutural da sociedade mais ampla.

Expressões ambas do movimento do valor, por isso só quando a renda monetária e a renda fundiária se materializam em espaço é que o valor empiricamente aparece. Induzindo-nos teoricamente a ver no arranjo do espaço urbano como um combinado tríplice de renda monetária, renda fundiária e valor. A renda fundiária distingue, entretanto, a forma absoluta e a forma diferencial. A renda fundiária absoluta é a que deriva da propriedade privada do terreno, seu proprietário disso se valendo para auferir ganhos do terreno, caso ele mesmo não o utilize para morada. E a renda diferencial a que deriva das características de localização e aspectos físicos do terreno dentro do todo do espaço da cidade. A renda monetária é o pedaço da renda nacional que cabe a cada família, definindo sua capacidade de compra e gastos face o preço do terreno/imóvel do terreno urbano. Já o valor é o termo geral cujo plano de fundo urbano é a mais-valia extraída da massa trabalhadora da indústria de construção civil em sua tarefa de criar com o seu trabalho o chão urbanístico da cidade.

Derivando das propriedades do sítio que definem as condições de localização e habitabilidade do terreno, é natural que no visual da cidade seja a renda diferencial, não a renda absoluta e a renda monetária, que de imediato nos chame a atenção. A cidade do Rio de Janeiro é um bom exemplo disso. A cidade do Rio nasce na pequena fímbria de terras planas localizadas à beira do fundo oriental da Baía de Guanabara, daí indo ocupar as colinas dos maciços e morros isolados que quebram a continuidade das áreas planas em pequenos pedaços de planície, essa mescla de baixadas e maciços alternando as condições de ocupação dos terrenos para fins de morada, que a especulação imobiliária vai usar para ocupar os terrenos baixos e praianos com habitações para a população de renda mais alta e deixar para a população de renda mais baixa as áreas mais íngremes dos maciços ou inundáveis das baixadas. É assim que surge o combinado de renda absoluta, renda diferencial e renda monetária para levar a cidade aos contrastes de bairros de ricos, bairros de remediados e bairros pobres, das áreas de fácil acesso dos trechos praianos e áreas de carência de serviços dos trechos periféricos (Abreu, 1997). Exemplo semelhante se aplica à cidade de São Paulo. A cidade nasce distribuída entre o topo dos espigões e os vales fluviais que dividem seu sítio urbano e determinam o seu urbanismo inicial. No topo dos espigões, de terrenos mais valorizados e de mais fácil acessibilidade e circulação, vai se instalar a classe rica, e no fundo dos vales, de terrenos inundáveis e mais desvalorizados, a classe pobre, e junto a ela as fábricas com suas vilas operárias. Daí a cidade se expande indo reproduzir

|133|

O DISCURSO DO AVESSO

esse contraste de bairros chiques e bairros periféricos na escala metropolitana dos dias de hoje (Azevedo et al., 1958).

O perfil real do contraste visual das cidades é, entretanto, balizado pelo nível de renda monetária. É ele que define a capacidade da população de responder ao valor da renda fundiária urbana (preço/aluguel do terreno ou imóvel urbano) criado pela ação do especulador imobiliário, de que deriva o papel geográfico do salário junto ao quadro do urbanismo da cidade. É fácil se perceber a distinguir o papel e relação entre renda monetária e renda fundiária na formação do espaço da cidade numa hipotética sociedade de distribuição igualitária da renda nacional (uma sociedade sem renda fundiária absoluta e sem classes sociais, portanto). Numa sociedade assim, o efeito da renda fundiária sobre o arranjo do espaço urbano seria praticamente neutra. Se a renda fundiária variar no âmbito dessa sociedade, essa variação jamais se tornará fonte originária de um arranjo espacial de bairros de ricos e bairros de pobres, porque, desde a base, nela não haveria propriedade privada, renda absoluta e, assim, especulação imobiliária. Já nas sociedades de propriedade privada e de acesso a ela por meio de relações mercantis são esses os fatos determinantes do arranjo. A terra é fonte de renda absoluta e mercadoria. E a renda-salário é a condição de exigência do acesso à habitação para a maioria da população urbana.

Há duas modalidades de salário enquanto parcela da repartição da renda monetária. Uma é a forma direta, a do salário propriamente dito recebido pelos trabalhadores em pagamento do seu trabalho, ao lado do lucro do capital industrial e mercantil, do juro do capital bancário e da renda fundiária do proprietário da terra, as chamadas formas de remuneração dos fatores econômicos da linguagem da teoria econômica corrente. Outra é a forma indireta gerada pelas políticas de Estado (chamadas "políticas públicas") com seus investimentos em meios de consumo coletivo, como escolas, hospitais, vias de circulação (transportes urbanos de massa como trem, metrô e ônibus), saneamento básico (rede de esgotos e de coleta de lixo), água canalizada, luz, iluminação pública. São essas duas formas de renda-salário que vão se juntar para ao lado da renda fundiária formar a substância de arranjo da globalidade da população no espaço urbano.

O salário direto é a fonte real do grosso da população urbana para aceder à morada e aos meios de consumo coletivo. A renda indireta é a fonte complementar dessa acessibilidade, o efeito da ação do Estado que, de um lado, permite ao patronato limitar internamente o efeito do salário direto sobre os custos da produção industrial e, de outro, ao grosso da população assalariada alargar como um equivalente de aumento de poder de compra seu acesso aos meios de consumo coletivo que o salário direto não permite.

É a renda indireta que equilibra o efeito do jogo especulativo da renda fundiária urbana, realizando o que David Harvey designa a "justiça territorial distributiva". São

|134|

os meios de consumo coletivo implementados pela política social do Estado que criam a infraestrutura de acessibilidades urbanas que a balança de valorização-desvalorização dos terrenos/moradas distribui de forma desigual, a ação estatal buscando através da intervenção sobre o arranjo assim estruturado equilibrar a distribuição das acessibilidades básicas de escolas, postos de saúde e obras de saneamento numa espécie de minimização de seus efeitos (Harvey, 1980).

Nem sempre, todavia, o Estado logra atingir esse intento. O anúncio puro e simples da instalação desses meios de acessibilidades aumenta o valor da terra e põe em confronto o interesse da população e do especulador imobiliário, mobilizando organismos de ação popular e *lobbies* imobiliários ao redor da escolha da sua localização. E são esses embates, mais que a própria ação do Estado, que a rigor acabam por definir a cartografia dos pontos de serviços e eixos de circulação, acrescentando o dado político à ação da renda monetária e da renda fundiária nas determinações da montagem do arranjo espacial da cidade.

É em face de exprimir todo esse complexo de influências que o modo de arranjo espacial do tecido urbano não logra explicitar-se numa leitura de fragmentos, o recurso descritivo-fragmentário vindo em auxílio de esconder o motivo estrutural por trás da paisagem. Até porque a estratificação da renda monetária e a diferenciação territorial da renda fundiária engendram um arranjo paisagístico que raramente limitam suas origens ao combinado exclusivo desses dois parâmetros.

Cada cidade brasileira acrescenta a esses dois padrões de referência um elemento novo. Sempre há, por exemplo, um núcleo central de função terciária desdobrado numa miríade de centros urbanos e suburbanos de comércio e serviços que relevam do sítio urbano, como no sítio montanhoso do Rio de Janeiro ou o sítio urbano levemente ondulado de São Paulo, determinando o quadro diferencial de renda ou a ação corretora das políticas urbanas do Estado, com efeitos nem sempre favoráveis ao grau de correspondência das duas formas de renda. Essa, por sinal, é a origem das ações de ocupação dos excluídos da renda que vão dar nas favelas. E sempre há também a migração das indústrias em busca dos terrenos mais baratos das áreas da periferia, levando consigo parte da população assalariada em busca de trabalho, os subcentros de comércio, os serviços e as vias de circulação, alargando e metropolitanizando continuamente a extensão do espaço urbano da cidade. É a presença-ausência da indústria, por sinal, uma das componentes de diferença dos planos urbanos das cidades brasileiras. Onde a indústria se faz presente de imediato a classe trabalhadora se diferencia em fabril e urbana com suas distintas demandas de arranjo de espaço. Com a classe trabalhadora fabril surgem os aglomerados operário-industriais que caracterizam a periferia ou as circundâncias das grandes metrópoles como o ABC em São Paulo, Volta Redonda-Barra Mansa no Rio de Janeiro, Betim-Contagem em Minas Gerais e Camaçari na Bahia, aos quais se combinam os grandes bairros de função estritamente residencial da população trabalhadora urbana não fabril.

Em comum a todas as cidades há, todavia, a presença desordenadora da especulação imobiliária. A busca desenfreada de capturar a renda monetária dos diferentes estratos de classes que alimenta e ao mesmo tempo é alimentada pela dinâmica expansiva dos seus espaços. A própria migração da indústria frequentemente é fruto dessa especulação. Nesse caso a especulação imobiliária começa com a compra a baixo preço (renda fundiária diferencial menor) de amplas extensões de terra na periferia para revendê-las a preços mais altos por meio de loteamentos. Instalados em pontos distantes dentro dessas áreas compradas, os lotes são vendidos como moradas precárias à população de baixa renda monetária, deixando largos tratos de áreas sem uso entre o antigo e o novo perímetro urbano, à espera de valorização futura. A pressão sobre a municipalidade dos moradores que aí se localizam por luz, água, asfalto, saneamento básico, transportes de massa promove por efeito de passagem a valorização da terra das áreas deixadas na faixa intermediária justamente para esse fim, usadas agora para loteamento e formação de bairros de residência da população de média e alta renda monetária. Fecha-se um anel de especulação e abre-se um outro no novo derredor da cidade, num ciclo contínuo de especulação cujo resultado é o caos urbano e o deslocamento interminável da periferia da cidade. O que para o especulador é um grande negócio, para a cidade é uma fonte constante de problemas. O espaço urbano expande seu arco de modo contínuo. O caos e os problemas de urbanização se instalam. E a faixa da população excluída do acesso à cidade só aumenta. A ocupação de áreas urbanas pela massa dos excluídos é apenas um outro lado da medalha da especulação. Deixada fora da repartição da renda monetária nacional e do acesso à habitação pelo desemprego em geral elevado da cidade e pelo movimento especulativo do capital imobiliário, só resta à população marginalizada ocupar os terrenos entregues à valorização especulativa ou situados fora do interesse do especulador imobiliário face seus riscos e custos de engenharia de construção, aí se instalando em condições precárias. Cedo a precariedade dessas condições leva seus moradores a pressionar a municipalidade a urbanizar os bairros assim formados, repetindo-se, agora dentro da cidade, o movimento por meios de consumo coletivo dos bairros precarizados. Incorporada ao espaço urbano, mas não ao sistema nacional da renda pela renitência do desemprego, um conflito logo se estabelece entre a valorização da renda fundiária e a defasagem da renda monetária para essa população, forçando-a a abandonar o bairro urbanizado e a migrar para outras áreas onde vai realimentar o circuito de ocupação e pressão sobre a municipalidade. Mas agora com um novo acréscimo de problema. Levada a migrar para áreas da periferia cada vez mais distante, aumenta o tempo de deslocamento entre os locais de morada e os de trabalho num moroso movimento de ida e vinda entre um local e outro e num aumento do gasto de tempo e despesas de deslocamento sem fim. A cidade se torna cada vez mais cara para a população trabalhadora. E para as políticas estatais de meios de consumo coletivo, num agravamento de despesas de toda a sociedade.

A vertente rural

O campo vive do mesmo modo que a cidade as agruras das formas de arranjo do seu espaço. Aqui o ponto de referência é também a relação entre a renda fundiária e a renda monetária, com a diferença essencial de ser a terra meio de produção, e a distribuição da propriedade da terra, a fonte das relações rurais por excelência, a renda fundiária vindo a ser o vetor preponderante do arranjo. Renda aqui distinguida em absoluta e diferencial, mas esta em diferencial I (por localização e fertilidade do solo) e diferencial II (determinada tecnicamente).

Traço histórico estrutural da sociedade brasileira, a distribuição da terra rural é extremamente desigual: 1% dos proprietários detém 45% da propriedade das terras ao tempo que 89% ficam com apenas 20%. Assim, a população do campo divide-se em uma pequena minoria com muita terra e uma imensa maioria sem ou com pouca terra. Esse extremo de grande propriedade latifundiária e pequena propriedade minifundiária é o contraste que domina a paisagem no campo.

Até os anos 1950 esse arranjo é quase didático. Centro de referência dos arranjos do espaço no campo, o grande proprietário fundiário definia os termos do arranjo do pequeno e sua produção. Assim, as terras mais bem localizadas e mais férteis (termos definidores da renda diferencial I) eram ocupadas pelo grande proprietário, as de pior localização e qualidade eram ocupadas pelo pequeno. A grande propriedade latifundiária avançava interminavelmente pela extensão da paisagem, num contraste com a localização em geral restritamente concentrada das pequenas propriedades minifundiárias. Estas, entretanto, diferiam em um minifúndio dominial (parceiros, colonos, moradores, foreiros, assalariados rurais) e em um minifúndio autônomo (posseiros, pequenos proprietários familiares e sitiantes). A renda diferencial I dava, então, o tom do arranjo, numa relação de correspondência quase direta entre a localização da forma de propriedade e as características naturais do espaço, tal qual fora visto por Waibel em suas andanças de pesquisa. A partir dessa década a ordem do arranjo espacial vai, entretanto, sucessivamente, passando para o domínio da renda diferencial II, a intervenção da técnica dissolvendo e alterando esses termos da correlação. As terras mais bem localizadas e mais férteis seguem sendo domínio da grande propriedade, e as menos bem localizadas e menos férteis, da pequena, mas a distribuição espacial ganha um contexto de situação novo. O Brasil entra na fase da

O DISCURSO DO AVESSO

urbano-industrialização acelerada e muda intensamente a determinação das formas espaciais de distribuição das localizações essenciais.

A atividade agrícola se desloca das áreas da mata costeira desgastada para as áreas de solos corrigidos dos cerrados do interior, dividindo o uso da terra com a atividade pastoril e disseminando-a para além de suas antigas áreas. O arranjo dual lavoura-mata e gado-campo da renda diferencial I se inverte num ritmo de transformação que é tão rápido e generalizado quanto mais se deterioram as áreas de solos férteis da mata atlântica e mais se corrigem agronomicamente os solos precários do planalto central frente o ritmo expansivo dos meios de transportes, comunicações e transmissão de energia que exprimem o comando nacional da renda diferencial II.

Nesse passo, o latifúndio e o minifúndio também se transformam. O latifúndio se transforma em uma empresa rural, usuária de recursos em grande escala de máquinas, adubo industrial, escrituração contábil rigorosa e divisão especializada do trabalho agrícola. E o minifúndio se vê pressionado a integrar-se produtivamente às demandas de mercado, não raro desaparecendo ou sendo obrigando a migrar para novas áreas por incorporação à grande propriedade empresarial. Ajustado ao movimento de mudança que vem com a integração à indústria e com a sobreposição crescente das exigências de mercado da cidade em rápido processo de urbanização, o campo muda, sem que entretanto mude sua forma histórica de repartição monopólica da terra. Esta, com efeito, ainda mais se intensifica.

O eixo de referência de mudança é sobretudo a mudança da relação do trabalho agrário. De imediato, o empresariamento do latifúndio expulsa e proletariza o campesinato dominial, transformando-o em um volumoso exército de trabalhadores que migra para as pequenas cidades vizinhas do interior para diariamente oferecer-se como força de trabalho rural volante, o boia-fria, nas áreas modernizadas do campo. Mas expulsa generalizadamente também o campesinato familiar autônomo ao avançar sobre suas terras, transformando-o num campesinato sem-terra ou migrante para ocupar-se como posseiro ou sitiante nas áreas distantes da fronteira agrícola.

A tensão social é assim agravada numa forma própria de contraste. Até os anos 1950 a tensão social rural é uma decorrência estrutural do binômio latifúndio-minifúndio. Herdeiro das *plantations* o latifúndio mantém-se associado à grande monocultura, vinculando na paisagem da sociedade moderna as grandes fazendas do café, da cana-de-açúcar e do cacau, produtos de exportação, ou reafirmando-se na consorciação com as grandes fazendas de gado. Já o minifúndio, herdeiro da roça, associa-se às pequenas policulturas de subsistência, expressas na paisagem do consórcio dos cereais tropicais (feijão, arroz) com o milho, a mandioca, a fruticultura, o gado miúdo. Contrastam, assim, a monocultura plantacionista e a policultura roceira com seus distintos sistemas de cultivo, embora unindo-se na

O BRASIL DA GEOGRAFIA QUE SE ENSINA

prática do uso comum da queimada, da coivara e da itinerância. São atividades que compartilham as áreas de mata da fachada costeira, a pecuária compartilhando as áreas centrais dos sertões do país, a policultura de subsistência praticada às margens dos rios (áreas de mata galeria), segundo a tradição colonial de descolamento lavoura-gado. Mas contrastam, sobretudo, as classes sociais que são as *personas* da *plantation* e da roça, bem como da fazenda de gado e da roça, seja no plano das relações de propriedade, seja de trabalho. O campesinato roceiro é em geral a forma social que assumem o escravo, o agregado e o posseiro uma vez abolidos o sistema colonial e a escravatura. O escravo liberto e o agregado são mantidos dentro do domínio do latifúndio, mas agora transformados no morador de condição, sujeitos ao trabalho de baixa remuneração nos períodos de safra, à relação da meia e ao pagamento do foro, numa troca da relação binomial colonial-escravista pela relação binomial disfarçada de trabalho rural livre. E são as tensões entre o grande proprietário e essa massa campesina de moradores de condição as fontes de conflitos do campo nesse período.

A demanda de alimentos e matérias-primas agrícolas trazida pelo desenvolvimento das indústrias e das cidades que se multiplicam generalizadamente pelo espaço brasileiro traz um primeiro momento de mudança desse quadro. O número crescente de áreas de lavoura e pecuária voltadas para o abastecimento desse mercado interno que se forma em todos os lugares, sobretudo às margens das ferrovias e rodovias que surgem ao longo do planalto atlântico entre o Nordeste e o Sudeste (de que a Rio-Bahia é o grande exemplo), cria um fato novo nas relações do campo. E deste com a cidade. A policultura se dissocia em larga escala da monocultura através do aumento da policultura independente, forjando o surgimento ao lado da agroexportação de uma lavoura de mercado interno de produtos alimentícios. Em resposta, a monocultura diversifica seus produtos e busca novas áreas virgens de produção, vinculando-se também em alguns casos ao mercado interno em expansão. O binômio latifúndio-minifúndio mantém-se dentro da estrutura agrária brasileira, mas alterando inteiramente sua forma funcional. Muda, sobretudo, seu papel. O latifúndio vai se tornar uma fonte fornecedora de divisas de exportação para financiamento da importação de equipamentos para a indústria. E o minifúndio de meios de subsistência que a cidade vai importar do campo, para minimizar o peso dos salários no cálculo geral dos custos da indústria. As formas de conflito são ainda as do antigo binômio, mas atravessadas agora pelo maior grau de independência que o campesinato dominial vai ganhando e pela dificuldade cada vez maior do latifúndio de mantê-lo como um exército cativo de trabalho. Isso resulta no movimento de formação no campo dos sindicatos rurais e das ligas camponesas.

A modernização do campo é o ato final desse movimento. O grande proprietário fundiário se transforma em um empresário rural, dando origem a uma nova burguesia

|139|

agrária. E o campesinato dominial se proletariza em massa, como resposta do lati-fúndio modernizado à sindicalização rural, ao mesmo tempo em que o campesinato autônomo se multiplica junto ao aumento expansivo do mercado industrial da cidade. Muda radicalmente a estrutura da produção e do trabalho no campo, num processo que de início é lento nas regiões Nordeste e Norte e acelerado na região Centro-Sul, até se acelerar no todo do espaço nacional brasileiro. Mas a repartição monopolista da terra ainda mais aumenta.

Duas tendências gerais orientam a nova organização do espaço rural: (1) a forte reestruturação dos termos do arranjo espacial do campo e 2) o acelerado movimento de deslocação da fronteira agrícola da fachada atlântica para a faixa do contato cerrado/mata amazônica.

Organizado à base da renda diferencial II o latifúndio modernizado desloca o centro agrário nacional das antigas áreas e formas de monocultura para o cultivo interligado da soja, do trigo e do arroz, além do gado, nas áreas de solo corrigido do planalto central. São culturas de exportação, ao lado da cana-de-açúcar, também em multiplicação acelerada pelo Centro-Sul, com a peculiaridade de ao mesmo tempo suprir em produtos alimentícios os mercados industriais e urbanos do país. É uma troca da antiga forma de cultivos autonomizados para a forma consorciada da agricultura com a indústria, organizando o campo à base de um complexo agroindustrial que incorpora, numa só unidade produtiva, as funções de agricultura e indústria antes realizadas separadamente no campo e na cidade, agora feitas integradas com a ajuda da migração da indústria da cidade para o campo, terceirizando a cidade e industrializando o campo.

A relação cidade-campo

A cidade e o campo são a ossatura do novo arranjo que rearruma a totalidade das áreas geográficas do país numa forma de espacialidade diferencial. Por trás delas está a relação de interação da indústria e da agricultura em que uma depende cada vez mais da outra em seus respectivos movimentos de reprodução, até que se fundem no campo.

A indústria é uma atividade cujo capital se diferencia em três formas, a que na espacialidade diferencial brasileira vão corresponder três formas correlatas de agricultura: o capital variável, ao qual vai corresponder a agricultura de produção alimentícia; o capital constante circulante, ao qual vai corresponder a agricultura de produção de matérias-primas; e o capital constante fixo, ao qual vai corresponder a agricultura de exportação. O capital variável, dinheiro empregado em salário pago à massa trabalhadora, se reproduz através da baixa contínua do custo do produto alimentício fornecido pela agricultura; o capital constante circulante, o dinheiro empregado na compra de matérias-primas e insumos, se reproduz através do rebaixamento do custo da matéria-prima agrícola; e o capital constante fixo, o dinheiro empregado na instalação de infraestrutura, se reproduz através da importação de equipamentos a preços subsidiados pela entrada de divisas das exportações agrícolas. A contrapartida é a oferta de meios técnicos pela indústria que permitam à agricultura diversificar sua produção e produzir e oferecer seus produtos à indústria a custos sempre decrescentes. É exatamente essa reciprocidade de desenvolvimento em que indústria e agricultura passam a se organizar e produzir numa relação de consonância tecnoprodutiva que o estabelecimento da divisão territorial de trabalho e de trocas em nível nacional entre esses dois setores vai propiciar.

Assim, a agricultura brasileira passa a diferenciar-se nacionalmente nas três áreas de produção requerida pela tríplice forma adquirida pelo capital industrial e a indústria, a acelerar o desenvolvimento técnico que vai colocá-la no centro de um sistema nacional de economia que tem na agricultura sua retaguarda. É o salto combinado da fronteira agrícola da fachada atlântica para a interioridade do planalto central e do avanço do desenvolvimento no âmbito industrial de um setor de produção de equipamentos que vai permitir a passagem de uma arrumação nacional de base na renda diferencial I para a de base na renda diferencial II do espaço brasileiro.

A arrumação interligada da relação cidade-campo é a chave dessa nova ossatura. A cidade é o centro desse espaço nacional arrumado em ramos interespecializados da indústria e da agricultura, cujo outro extremo é o campo. A indústria multiplica seus setores de especialização, e nesse passo multiplica e orienta a disseminação nacional da agricultura, aumentando a presença de comando da cidade sobre a multiplicidade de áreas regionais que vai se formando no campo. Cresce em escala nacional, assim, a função da cidade de movimentar as trocas de produtos recíprocos com o campo que vai consolidar a relação mútua de custo e produtividade necessária entre a agricultura e a indústria. Centro verdadeiro do comando dessa relação que se expressa nas trocas crescentes da cidade e do campo, a indústria primeiro se concentra nas grandes cidades do Sudeste ao tempo que dissemina a agricultura por todos os cantos e biomas, e depois se desconcentra para disseminar-se pelas mesmas áreas por onde se espalhara a agropecuária, levando com ela cidade e campo a entrar numa relação em rede progressiva.

A totalidade homem-meio

Os dois momentos gerais de arranjo que segue essa dinâmica de constituição do espaço brasileiro com marco de tempo dos anos 1950 são o reflexo dos dois modos distintos de integração da relação homem-meio em seu processo de formação. Há o momento da correlação lavoura-mata e gado-campo da renda diferencial I, flagrado por Waibel nos anos 1940, e o momento pós-waibeliano da multiplicidade não correlacionada das atividades da renda diferencial II atual.

Mas são dois momentos de um mesmo processo de ruptura ecológico-territorial de caráter mais amplo, que virá com a substituição da totalidade homem-meio característica das formações sociais comunitário-indígenas pela totalidade homem-meio, característica da formação social privatista europeia originária da colonização portuguesa. Homem e natureza convivem aí de modos desiguais. A correlação comunitária homem-meio de valor de uso reflexa da vida comunitária homem-homem da totalidade homem-meio indígena é substituída por uma falta de correlação entre o homem e o meio que reflete a falta de correlação entre homem e homem da totalidade privatista. Assim se substitui um modo de vida em que a relação entre o homem e a natureza se fazia numa reciprocidade congênita por um outro em que essa relação passa a vir de fora, numa completa quebra de estrutura ecológico-territorial, com seus efeitos sobre a condição espacial de existência humana (Moreira, 2011).

A terra e o homem

O que chamamos Geografia Física do Brasil é uma história natural territorializada que obedece a uma configuração de desenho paisagístico variável no tempo. As formas de vida em que se incluem a presença do homem e as formas inorgânicas aí respondem em pesos proporcionais pelo misto de paleoformas e formas recentes que compõem os seus domínios de paisagens (Ab'Sáber, 2003 e 2006).

Forma-a uma base geológica das mais antigas do planeta. São terrenos cristalinos que se desgarraram no paleozoico do continente de nome Gondwana que existiria a leste e cujo centro seria o continente africano atual. E que vêm a formar o grosso do atual território brasileiro. A ação morfoclimática, de um lado, e da tectônica plástica e quebrátil, de outro lado, foram modificando sua paisagem no curso do tempo, dividindo-o numa extensa área de cobertura sedimentar na parte central e uma área de cristalino exumado a leste, que conta a continuidade pós-gondwana de sua história. Olhados em sua atual topografia, esses terrenos distinguem-se por uma longa linha de cimeira de disposição norte-sul que corre como um paredão rente e paralelo à linha da costa, coincidente com a área de cristalino exumado, a leste, e uma extensa massa de área continental para onde a cimeira descamba em declividade suave, onde justamente se encontra a área de cobertura sedimentar, a oeste. Isso indica um quadro de distribuição topográfica que era já a do passado e que o desgaste erosivo transformou num misto de planaltos (do Nordeste, do Atlântico e de Sudeste) e cristas serranas (do mar, da Mantiqueira e do Espinhaço) na área da cimeira e em planaltos de origem sedimentar antiga e recente na parte Centro-Norte, e arenito-basáltico na parte Centro-Sul, rodeados ao norte pelas calha de depositação quaternária da depressão amazônica e a sudoeste pela depressão do Paraná.

Cobre-os um quadro geobotânico igualmente diverso. A depressão amazônica é o domínio da mata equatorial. O planalto central, do cerrado. O planalto nordestino, da caatinga. A cimeira de sudeste e a faixa litorânea, da mata tropical. E o planalto meridional, de uma alternância de mata de araucária e campos limpos e campos sujos. É um quadro de vegetação que reflete a ação combinada da base geológico-geomorfológica e dos climas derivados da movimentação das massas de ar que formam a circulação atmosférica da América do Sul. Cada massa de ar conduz através de seus encontros de frente quente e frente fria aos tipos de clima que *grosso modo* correspondem aos grandes compartimentos geológico-geomorfológicos e aos tipos de vegetação que aí encontramos. Três massas de ar em particular respondem por essa conformação: a polar ártica (Pa), situada ao sul do continente, a tropical atlântica (Ta), situada no centro do Atlântico Sul, e a equatorial continental (Ec), situada no noroeste da calha amazônica. A Ec e a Ta respondem pelas condições climáticas, morfoclimáticas e vegetacionais da maior parte do território brasileiro. E é o seu bailado de verão e inverno entre o centro do continente sul-americano e o centro do oceano Atlântico Sul que orienta a formação climatobotânica do país. No verão, acompanhando o movimento geral do sol, a Ec avança do noroeste amazônico para a cimeira do sudeste, expulsando a Ta para o oceano e distribuindo chuva e umidade ao longo de um canal de umidade (a Zona de Convergência do Atlântico Sul – ZCAS), disposto em diagonal da calha amazônica ao planalto central e ao planalto de sudeste. No inverno a Ec recua para seu lugar de origem, deixando no rastro espaço para o avanço continental da Ta, trazendo como massa ascendente chuva orográfica e refrescamento para a encosta oceânica e a faixa litorânea, e como massa descendente estiagem e ressecamento para as áreas interioranas do planalto central. É a constância de chuva e calor da faixa costeira e encosta da cimeira de sudeste que responde pela presença da mata tropical por toda essa área, a alternância de chuva de verão e estiagem de inverno sob calor constante pela presença do cerrado do planalto central e a constância de chuva e calor pela presença da mata equatorial na calha amazônica. A Pa associa-se a esse vaivém de dança e contradança da Ec e da Ta, num sobe e desce de latitude que a faz estar no verão em combinação com a Ec, e no inverno com a Ta em diferentes áreas do Centro-Sul. No verão a Pa avança espalhando chuva e refrescamento desde a campanha gaúcha de onde se bifurca num ramo pelo interior rumo ao planalto meridional, sul do Centro-Oeste e interior do Sudeste, até onde chega em seu encontro com Ec aí estacionada, e num ramo pelo litoral rumo às terras costeiras do Sul e Sudeste onde vai cruzando em transversal com a Ta em sua entrada pelo continente. Já no inverno avança nessa mesma bifurcação levando frio e chuva até o topo do planalto meridional no rumo do interior e até o sul da Bahia na interseção com a Ta no rumo do litoral. É assim que a Pa responde pela alternância de verão e inverno nas terras sulinas e junto à Ta pela constância da pluviosidade em todo o Centro-Sul, essas duas massas, juntas, respondendo pela formação vegetal da mata atlântica da fachada costeira e encosta da serra do mar, da mata de araucária do topo e partes altas dos planaltos do Sudeste e meridional e dos campos limpos e campos sujos que se alternam com a mata de araucária no topo do planalto meridional, e são a vegetação dominante nas extensões planas da campanha gaúcha. Por fim, como se fosse um quadro à parte do país, o planalto e litoral nordestinos são objeto de uma combinação distinta de massas de ar, aqui se entrecruzando no planalto a Ec e a CIT (convergência inter-tropical) e a En (equatorial norte), responsáveis por seu clima semiárido e vegetação de caatinga, de que faz parte o fenômeno cíclico da seca, e na fachada costeira a En e a Ta. No verão a Ec, em seu avanço para a cimeira de sudeste, alarga seu alcance para o leste até chegar ao centro do planalto nordestino. Nesse avanço, expulsa a En vinda do leste do Atlântico Norte e adentra o continente trazendo chuvas para todo o planalto. Nessa mesma estação a CIT está avançando em seu deslocamento para o hemisfério sul, chegando até a costa setentrional nordestina, cobrindo-a de chuvas. No inverno a Ec e a CIT recuam para seus lugares de origem, deixando espaço para o avanço continente adentro da En, que aí, ascendente, despeja chuvas orográficas na costa oriental e encosta oceânica da Borborema (trecho da cimeira nordestina), e agora como massa descendente resseca o interior e traz estiagem para o planalto. De tempos em tempos, por anos seguidos, a Ec não chega ao planalto e a CIT atrasa sua chegada ao litoral setentrional, emendando a estação de estiagem de anos seguidos e dando assim origem a um longo período sem chuva que ocasiona o fenômeno da seca, um acontecimento cíclico. Tanto quanto no Centro-Sul, o Nordeste torna-se, assim, uma região de considerável diversidade climática, do-minando a mata atlântica nas áreas quentes e chuvosas da costa oriental e cimeira da Borborema, a caatinga no topo do planalto semiárido e a mata seca nas áreas quentes e semiúmidas da costa setentrional.

Nem sempre foi esse, entretanto, o quadro de domínios de paisagem no terri-tório brasileiro. A história territorial da natureza no Brasil muda de face de tempo em tempo, num movimento de completo redesenho dos biomas. O último desses movimentos se deu no período recente da glaciação do pliopleistoceno (último período do terciário e primeiro do quaternário), quando as formas das paisagem atuais deram lugar a outras, até que com o fim do período de glaciação essas formas se restabelecem. Mas se restabelecem complexamente modificadas nessa flutuação, a ponto de hoje termos domínios às vezes mais do passado que atuais de formas de vegetação e composição de fauna.

Esse período de glaciação significou uma completa mudança de quadro ambiental. A temperatura média da baixa atmosfera caiu nesse período fortemente, cujo efeito foi o retorno da água continental e oceânica na forma de neve, e com o seu acúmulo o crescimento das camadas polares de gelo até o limite dos trópicos. O nível do mar desceu, em consequência, em cerca de 100 metros na costa do oceano Atlântico. E o clima em toda a faixa tropical se tornou mais seco. Muda com isso todo o quadro de níveis de base do continente e a morfogênese entra numa fase de atividade que retraça e recompartimentaliza todas as formas de relevo e redes de bacias fluviais, tudo levando as formações climatobotânicas a responder em adaptação e mudança sua distribuição e características ao novo quadro-ambiente, numa completa mudança de paisagens.

É nesse período que, rebaixado o nível do mar, nível geral de base, tem origem o intenso e agressivo trabalho de desgaste erosivo que vai baixar e nivelar os terrenos da cimeira de leste (recentemente reacidentados pela tectônica quebrátil que acompanha no terciário a formação da cadeia dos Andes), e no centro do continente vai realizar o agressivo trabalho de depositação do material sedimentar retirado da cimeira de leste, que vai ser a base da formação mais à frente das camadas sedimentares do planalto central e dos entulhos quaternários das depressões, hoje bacias amazônica e platina, que o circundam ao norte e a sudoeste.

Essa combinação, de um lado, de forte secura, menos calor e taxa baixa de luminosidade e, de outro, de intensa atividade de mudança morfoclimática força as formas de vegetação a rever sua distribuição. A vegetação de florestas vê-se reduzida a ilhas de matas na calha amazônica (mata equatorial), na cimeira de sudeste e fachada costeira (mata atlântica) e no planalto meridional (mata de araucária), e a vegetação de cerrado e campos a primeiro avançar sobre as áreas abertas pelo recuo das florestas e depois refluir para também ficar reduzida a extensões menores e mais concentradas nos planaltos central e meridional, a exceção correndo por conta da caatinga que, estimulada pelo ambiente mais seco e ainda quente do ambiente dominante, avança sobre todos esses espaços liberados, crescendo por todos os lados, dos sertões de dentro aos trechos abertos no litoral.

Logo, entretanto, segue-se no pleistoceno médio o período de deglaciação. A linha do oceano restabelece seu nível. O ambiente dominante volta a ser o quente e úmido. A rede continental de níveis de base recupera seu equilíbrio. E as formas de vegetação voltam a seus recortes anteriores de território. As paisagens que se recuperam são, entretanto, uma mistura dos novos compartimentos pedogeomórficos e formas palimpsestas de geobotânica. Domínios de paleogeografia.

É assim que as ilhas de mata se reexpandem territorialmente, engolindo por incorporação paleobiogeografia de caatinga; cerrado e campos, a paleomorfologia de relevo, vales fluviais e solos que vão encontrando no caminho. E nesse cunho de palimpsesto o perfil biogeográfico da mata equatorial, da mata tropical e da mata subtropical não volta a ser do ecótopo à biocenose o mesmo mundo de antes. Também as ilhas de cerrado se reexpandem, o cerrado recomposto vindo a conter do ecótopo à biocenose que o incorpora nessa reformatação. A exceção é a relíquia do cerradão, que não vemos acontecer com as formas de mata. A caatinga, ao revés, recua. Volta a restringir-se ao território originário, mas para reter em seu trânsito de passagem uma riqueza de bioma que a faz a mais biodiversa da geobotânica brasileira.

O homem e a terra

É essa compartimentação de paisagens palimpsestas que a colonização portuguesa vai encontrar ao incorporar o território colonial aos seus esquemas de ocupação. De imediato a experiência vai lhe indicar as matas como áreas de lavoura e os campos como áreas de gado, permeados pelo extrativismo dos recursos das matas e dos campos abertos, que aprende com as comunidades indígenas.

De início os colonos se localizam nas áreas do litoral, áreas espremidas entre o mar e a cimeira florestada. Atraem-nos a localização e os solos aí mais férteis, tudo indicando ser as terras do litoral as mais apropriadas para o cultivo da cana. A renda diferencial I que daí extraem significa uma produção de açúcar de custo baixo e alta lucratividade. É assim que entram fachada costeira adentro, subindo pelos vales da encosta oriental da cimeira, enchendo suas várzeas de cana, engenhos, homens e cidades rio acima.

Com a lavoura da cana chega o gado bovino, introduzido primeiro nas áreas de cultivo para transporte da cana, moagem dos engenhos, fabrico de utensílios e suprimento alimentício, que logo em seguida daí se desprende para ir ocupar as áreas interioranas da caatinga. Daí, impulsionado pelo ciclo do ouro no século XVIII, entra pelo cerrado e campos limpos e sujos do sertão central, onde encontra seu habitat definitivo.

Quase em paralelo, como se fossem duas colônias portuguesas distintas, num combinado de ocupação com os aldeamentos jesuítas, os colonos vão tomando a calha amazônica para si com o extrativismo das drogas do sertão, completando o quadro de configuração da ocupação territorial da colônia dos primeiros séculos, num movimento geral de comando da renda diferencial I.

Vai faltar-lhe apenas o acréscimo dos trechos de ocupação que sob o mesmo modelo, mas já agora no Brasil independente, vão ser incluídos no século XIX. O café tem entrada no planalto paulista; o cacau, no sul da Bahia; o algodão, no planalto nordestino; a borracha, na mata amazônica. O gado reina sozinho, junto com ilhas de policultura de subsistência independente, no topo do planalto central. O café, o algodão e o gado indicam formas preliminares de vencimento da cimeira.

O BRASIL DA GEOGRAFIA QUE SE ENSINA

É essa paisagem que Waibel vai flagrar como modo colonial de arranjo de espaço no Brasil dos anos 1940, em suas detalhadas descrições do *Capítulos de geografia tropical e do Brasil.*

A distribuição da ocupação é o retrato da correlação economia-geobotânica que o colono cria, pondo suas culturas trazidas de fora dentro de paisagens na qual o dedo da natureza e o dedo do homem têm presença genética parelha. Cada paisagem é o elo de um mosaico em que a terra e o homem e o homem e a terra quase se podem ver no espelho. Mas que o português vai quebrando.

A cana ocupa os compartimentos de ecótopo-biocenose de extrato morfotropical de mata. Seu habitat preferido é a área de solo de origem cristalina de fundo de baixada fluvial. Uma base física gabaritada pela técnica de indústria do engenho. Em todos os cantos, no geral são pontos próximos aos portos litorâneos, próprios para o escoamento da exportação do açúcar, cortados por rios que desdobram para dentro em pequenos cais fluviais os portos localizados no litoral, abundantes em água e matas necessárias ao esfriamento e lenha para o movimento das caldeiras. Em Pernambuco são os vales paralelos que descem da Borborema, largos e premiados pela combinação do material decomposto do cristalino local e do calcário dos trechos médios que vão se juntar nas várzeas do curso baixo. Ambiente igual ao que encontramos no recôncavo da Bahia. É o massapê escuro. Já no norte do Rio de Janeiro é a mistura de sedimentos também mesclado de cristalino e outras fontes carreados do alto e médio curso para espraiar-se em áreas planas da várzea do baixo rio Paraíba do Sul. É o massapê amarelo. Quadros de alta renda diferencial I, resistentes ao tempo, mas que pouco permitem de ampliação extensiva na escala necessária a uma agricultura monocultora apoiada na queimada e na itinerância.

O gado faz o contraponto locacional, mas para reiterar o mesmo modelo-chave de ocupação. É uma atividade que se põe nos compartimentos de ecótopo-biocenose de extrato morfotropical de vegetação aberta. E difere nos detalhes da correlação segundo se fale de gado da caatinga nordestina, do cerrado centro-oestino ou do campo limpo pampeano, mas para reafirmar em todos eles o caráter de atividade que pede espaços de fácil mobilidade e oferta mínima de água e pasto. E é a água o dado diferencial; escassa no sertão nordestino, abundante no planalto central e dispersa no pampa, não impede, no entanto, que a pecuária aí se implemente sem grandes obstáculos. A mobilidade propiciada seja pela vegetação arbustivo-arbórea de entremeio ao oceano herbáceo de desigual riqueza entre essas três áreas, seja pelo relevo plano e sem grandes interrupções serranas como que se faz de aliada na busca e conquista da água necessária. Bem como de uma renda diferencial que se limita ao aspecto exclusivo da localização, compensada pela facilidade com que por seus meios próprios de locomoção o gado pode ser levado ao mercado, no longo trajeto de trilhas que se estende do sertão pastoril aos centros de consumo do litoral.

O DISCURSO DO AVESSO

As demais culturas ficam entre esses dois termos. O café pede as temperaturas de altitude e os solos de terra roxa que os derrames basálticos espalharam em grandes manchas desde o centro e oeste do planalto paulista até o norte paranaense, numa compartimentação de ecótopo-biocenose de extrato morfotropical reajustado de topo de cimeira. O algodão arbóreo pede o quadro de temperaturas de altitude mais amenas e fertilidade de solo mais restritas, que forma o combinado ecotópico-biocenótico do extrato morfotropical do planalto nordestino. Ao contrário do cacau, que pede o quadro de ecótopo-biocenose de extrato morfotropical de solos de mata, alta temperatura e chuvas constantes e fortes que encontramos no sul da Bahia. E a borracha, o meio morfotropical que a torna planta nativa das áreas de terra firme da calha amazônica.

A ruptura ecológico-territorial

Excetuada a borracha, todavia, são culturas trazidas de fora pelo colono. Introduzidas como centros de referência estrutural de domínios de paisagem de cujos ecossistemas nem mesmo faziam parte. E em estrutura de relação natureza-natureza em que os ecossistemas mais devem se ajustar entre elas que elas aos ecossistemas. E, no entanto, é das comunidades indígenas que os colonos copiam o modelo de correlação.

Quando os colonos portugueses aqui chegam encontram um território povoado por uma população indígena de cerca de 5 milhões de habitantes. Esses 5 milhões se distribuem por grupos etnolinguísticos e modos de vida distintos, uma correlação os vincula com as três faixas geobotânicas do território. Não como uma estrutura econômica, mas ecológico-estrutural. Na faixa costeira da mata tropical e de relevo de cimeira habitam as tribos do grupo tupi, com seus modos e gêneros de vida de coleta-caça, agricultura e artesanato relativamente adiantado. Na faixa interiorana de vegetação aberta de caatinga, cerrado e campos dos planaltos nordestino, central e meridional habitam as tribos do grupo gê, com seus modos e gêneros de vida de coletor-caçador. E na faixa norte-noroeste da mata equatorial da depressão amazônica habitam as tribos aruaque e caribe e de outros grupos, com seus vários modos e gêneros de vida.

Trata-se de uma correlação que é o fruto da coevolução que interliga comunidades indígenas e domínios de paisagem numa história comum dentro da recomposição pós-glaciação das formações geobotânicas do pleistoceno médio-superior. É nesse período de recomposições que o homem chega ao atual território brasileiro, vindo de ondas de migração que descem do centro-leste asiático, aproveitando a transformação das ilhas aleutas num longo istmo rumo às terras americanas. São grupos de coletores e caçadores que à medida que descem no rumo sul vão adquirindo diferentes habilidades em contato com o meio, entre elas a lavoura, em particular do milho, e a criação, muitos grupos parando e se fixando no caminho e outros seguindo em

|148|

frente. É assim que chegam à calha amazônica, então domínio de ilhas de mata, da caatinga, do cerrado e rios vadeáveis. Há grupos que aí se fixam e outros que seguem para o planalto central e nordestino, chegando à bacia do rio Paraná, aos planaltos e terras baixas do sul, à cimeira de sudeste daí descendo para as terras costeiras do litoral. Movendo-se nas faixas da interseção das formações vegetais em processo reexpansivo, esses grupos de coletores e caçadores aí se instalam, domesticando e aclimatando plantas e animais que o entrelaçamento coexpansivo das formações oferece, coevoluindo por diferenciação etnolinguística e societária junto a elas. É assim que alguns grupos se instalam nas áreas do cerrado em recuperação pelo planalto central e da caatinga em regressão ao planalto nordestino, evoluindo para uma forma aperfeiçoada dos gêneros e modo de vida da coleta e da caça, como o grupo gê. Outros seguem em frente para se instalar nas áreas de mata atlântica da cimeira de sudeste e da faixa litorânea, evoluindo para um combinado de gêneros da coleta e da caça, da lavoura e do artesanato, como o grupo tupi. E muitos são os que haviam se mantido na calha amazônica, difundindo-se e se instalando em diferentes áreas espalhadas desde a margem sul até a margem norte do rio e o mar do Caribe sob uma grande diversidade de gêneros e modos de vida, como os grupos aruaque e caribe. Em cada um desses lugares esses grupos se organizam num processo coevolutivo em que as comunidades humanas influem na composição do perfil dos biomas e os biomas influem na composição do perfil e propriedades constitutivas dos modos de vida de cada comunidade humana, nascendo do convívio a bio e a homodiversidade que os colonos portugueses vão conhecer.

Embora num novo modo, a ocupação portuguesa vai de certa forma reproduzir essa correlação espacial homem-meio indígena, implementando a lavoura ali onde as tribos tupis já a praticavam em contato com o bioma da mata costeira e a pecuária onde as tribos gês já a praticavam na forma da caça e coleta em contato com os biomas de vegetação aberta do interior, estabelecendo uma relação homem-meio de lavoura-mata e gado-campo de certo modo análoga à estabelecida pela ocupação indígena.

Trata-se, porém, de estruturas ecológico-territoriais complemente opostas. A relação homem-meio indígena é de coetaneidade. A relação homem-meio do colono é de absoluta externalidade. A relação homem-homem comunitária que o modo de vida indígena passava para a relação homem-meio é substituída pela relação de propriedade do homem pelo próprio homem, essa relação de ruptura homem-homem se passando para a relação homem-meio. Rege a relação homem-natureza-homem indígena a estrutura ecológico-territorial da repartição igual da riqueza. Rege a relação homem-natureza-homem da colonização portuguesa a estrutura ecológico-territorial da mediação latifundista-privada de mercado. E dentro delas, totalidades homem-meio inteiramente opostas. Culturas de fora são impostas a uma cadeia de ecossistema diferente. Técnicas de outro meio são impostas ao meio local.

A espacialização industrial

É essa relação de estrutura ecológico-territorial fraturada que os quatro séculos de enraizamento cultural sedimentam como a forma de organização de espaço que Waibel vai flagrar no Brasil dos anos 1940. Chama-lhe a atenção a radical separação lavoura-gado, a destrutividade patrimonial da monocultura, os entranhados hábitos da queimada e da itinerância declarados como herança do índio, a força dissimuladora dos ciclos econômicos e da fronteira em movimento. E é sobre a base da recriação e da reafirmação dela que a urbano-industrialização vai atuar.

A década de 1950 é um momento de virada na estrutura e no modo de organização do espaço brasileiro. Até essa década o Brasil é no dizer de Francisco de Oliveira "um conjunto de economias regionais, nacionalmente organizadas", que a divisão territorial urbano-industrial do trabalho e das trocas vai transformar "numa economia nacional, regionalmente organizada" (Oliveira, 1977). A estrutura espacial de laços soltos da relação economia-geobotânica primeiro cede lugar a uma divisão inter-regional de trabalho e de trocas centrada no Sudeste. Depois, a uma estrutura de relação indústria-agricultura de áreas múltiplas de produção e integradas em rede que embaralha e dissolve o arranjo de espaço presenciado por Waibel. Na linha de frente está o radical rearranjo nacional do mercado.

A fraca integração espacial de antes é o efeito da fraca ligação de mercado então existente entre essas diferentes áreas. E que será ultrapassada quando até elas chega, com os meios de comunicação, transmissão de energia e transporte, a demanda de produtos da indústria. As relações mercantis vão transformando o espaço nacional num todo estruturalmente único, cuja base de ajustamento é a divisão territorial agropastoril-industrial de trabalho e de trocas que então se estabelece.

É um atributo do espaço nacional assim criando o caráter desigual e combinado entre áreas e homens. A indústria refaz os termos dos quatro séculos de arranjo, mas com o cuidado de mantê-lo em suas bases originárias seja de estrutura ecológico-territorial, seja de totalidade homem-meio, seja de estrutura de classes, apenas reinventando o modo colonial homem-natureza-homem português de fazer. Novos contrastes são acrescentados àqueles detectados nos anos 1940 de Waibel por Bastide. É assim que o campo mais se latifundiza. E a cidade mais se megaurbaniza. E a eles se acrescenta uma consorciação de capitalismo e extracapitalismo emergida numa modalidade de moderno e atrasada dos escombros do velho binômio latifúndio e minifúndio.

AS TENDÊNCIAS DA GEOGRAFIA UNIVERSITÁRIA E DA GEOGRAFIA ESCOLAR

O currículo universitário e a grade escolar são uma relação de espelho. O cotidiano da universidade e o cotidiano da escola, porém, são distintos. E mais distintos ainda os modos de relacionamento respectivos com a sociedade. Há uma diferença de forma de vida e de inserção societária que interfere fortemente na forma como a marcha evolutiva do pensamento geográfico converge na relação currículo-grade e no modo como essa relação currículo-grade leva o pensamento geográfico a chegar ao dia a dia da sociedade.

É o cotidiano sociopolítico dos professores e alunos da universidade e da escola o ponto de referência da distinção, levando a pensar que estamos frente a conteúdo, ideologia e linguagem de duas formas de Geografia diferentes, havendo uma geografia universitária e uma geografia escolar, quando frequentemente o que existe são dois modos distintos de fluir do pensamento.

OS CICLOS DE INTERAÇÃO

Esse modo distinto de fluir é transparente nos livros didáticos de Aroldo Azevedo. A orientação francesa dos mestres que direciona suas aulas no curso universitário de Geografia da USP é a mesma que Azevedo passa como formulação discursiva para a constituição dos seus livros didáticos. Mas o formato respectivo de N-H-E não é o mesmo. É solto na universidade e integrado na escola. É disseminado na universidade e tem que ser interligado na escola. Daí a diferença também do perfil do professor.

O DISCURSO DO AVESSO

Por isso nem sempre é a mesma e tem a mesma simultaneidade de tempo a recepção da teoria geográfica que está em curso. A ideia de espaço dos anos 1950-1960 e dos anos 1960-1970 é um exemplo claro disso. E particularmente a forma como se recebe a fórmula política "saber ler o espaço para saber nele se organizar e nele combater" que Lacoste dá nos anos 1970 no texto *A geografia* (que depois repete no livro *A Geografia: isso serve antes de mais para fazer a guerra*) à ideia de espaço dos anos 1950-1960.

É a geografia escolar que "espacializa" a ideia geográfica dos anos 1950-1960. E é a geografia universitária que o faz com a ideia geográfica dos anos 1960-1970. A ideia de espaço georgio-lacosteana circula amplamente em todo o circuito escolar, mas não transita no circuito universitário. Já o teorético-quantitativo circula no circuito universitário, mas não chega ao circuito escolar. George é a referência dos manuais da escola. Mas é Christaller a dos manuais universitários.

Evidente que isso se reflete inevitavelmente nos circuitos da literatura. Correia de transmissão de ideias entre os segmentos universitário, escolar e institutos de geografia aplicada, muito dessa literatura mal consegue realizar seu intento de circulação integral. Os textos da Geografia Ativa são lidos e reproduzidos avidamente nas aulas e textos didáticos escolares, sendo mesmo a origem da criação de uma fase – a do mundo duplo/tríplice da geografia que se ensina – através os livros de George e Lacoste. Mas não são textos de uso universitário, interrompidos nesse ponto do circuito. Com os textos da Geografia Teorético-Quantitativa foi o contrário, transformados no material de aulas da geografia universitária, pararam também num ponto do circuito. E, no entanto, estamos numa época em que é o espaço a categoria estruturante dos discursos geográficos seja da literatura da geografia universitária, seja dos discursos geográficos da literatura da geografia escolar.

O que pareceria um problema de reciprocidade teórica mais não é, todavia, que a expressão da forma como o cotidiano da geografia universitária e o cotidiano da geografia escolar interagem com o cotidiano da sociedade correntemente. Vezes há que as relações com a teoria não coincidem. Vezes há, entretanto, que sim. Como ocorre com a ideia geográfica dos anos 1970-1980.

A face georgiana é o começo de mudança de paradigma de definição que politiza o espaço e o põe como um modo de entendimento histórico-social da realidade geográfica dos homens em sociedade. A organização espacial não é alheia aos problemas políticos e socioeconômicos. Ao contrário. E a Geografia é a ciência através da qual isso pode ser esclarecido, seja através da geografia universitária, seja da geografia escolar. É um discurso que encanta à geografia escolar, mas nem sempre à geografia universitária.

A face teorético-quantitativa é o momento seguinte, a do processo de formatação do conceito que vê o espaço como uma forma geométrica pura e simples,

|152|

AS TENDÊNCIAS DA GEOGRAFIA

um ente de extensão cujo conteúdo é o padrão matemático por meio do qual se entende que os dados fatuais da realidade se organizem, tais como a rede dos rios de uma bacia, a localização de um posto de combustível ou um agregado de cidades. Daí que a teoria espacial se transforma num discurso de fatos de localização – e se chame teoria locacional –, substituída por uma diversidade de fórmulas e modelos quantitativos. É isso a teoria dos anéis agrários de Von Thünen, a teoria da localização industrial de Alfred Weber, a teoria da estrutura interna da cidade de Park e Burguess, a teoria da organização regional de Lösch e Walter Isard, a teoria dos polos de crescimento de François Perroux, a teoria dos lugares centrais de Christaller. São modelos ideais de teorizações que dominam a geografia universitária dos anos 1960-1970 e não encontram chão para chegar aos manuais didáticos da geografia escolar.

A face crítico-epistemológica – equivocadamente designada de Geografia Radical e Geografia Crítica e que melhor se materializa naqueles dizeres de Lacoste – é um terceiro momento: o da centralidade estrutural-estruturante do espaço. O espaço vive com a sociedade uma relação de reciprocidade de determinação, o espaço produzindo e determinando os termos de formatação da estrutura da sociedade, e a sociedade produzindo e determinando os termos de formatação da estrutura do espaço. O modo de produção do espaço é o modo de produção da sociedade. Espaço e sociedade se relacionam na condição recíproca de produto-produtor, num modo de entendimento que arruma em linha direta seja o currículo e os textos universitários, seja a grade e os textos didáticos escolares praticamente ao mesmo tempo. É uma ideia geográfica de consonância da geografia universitária e da geografia escolar. Mais que isso, delas com a sociedade e da sociedade com elas.

AS ESPECIFICIDADES E AS ESTRUTURAÇÕES

É a especificidade da estrutura do trabalho do professor universitário e do professor escolar, mais que a própria diferença de relação socioestrutural com a sociedade, o centro de referência dessa recepção de montanha russa das ideias.

O exercício do magistério é atomizado na geografia universitária. E necessariamente integrado na geografia escolar. Na geografia universitária o ensino é exercício de uma diversidade de especialistas em geografia física setorial e em geografia humana setorial. Já na geografia escolar o ensino é exercício de um único professor. Isso cria uma dinâmica de concepção e de formulação prática de geografia e de vida inteiramente distinta. É forte a tendência de se abstrair dos fundamentos epistemológicos na geografia universitária e forte o sentido de sempre acendê-la na geografia escolar. Perguntar se a Geografia tem sentido não é algo com que a geografia universitária se ocupe com frequência, mas é praticamente o cotidiano de vida da geografia escolar. A sociedade está ali, dentro da escola, indagando ao seu professor sobre isso. O que reserva papéis diferentes a uma geografia e outra na tarefa da observância dos fundamentos. O fato de a geografia escolar ter de passar em suas aulas todo o conteúdo do conhecimento geográfico aos membros da sociedade com os quais convive e lhe indagam sobre questões de sentido e significado faz a diferença da prática fragmentária e quase distante dessas cobranças societárias da geografia universitária. Isso faz da geografia escolar um fundo de memória de conteúdos e fundamentos ontoepistemológicos da ciência geográfica que o cotidiano da geografia universitária há tempo dissolveu e diariamente oblitera em sua cultura de currículos de especialistas setoriais.

Daí que é na geografia universitária que a paisagem (e a seguir o espaço) pode ser dispensada como necessidade de discurso e método, o mesmo não se podendo dar na geografia escolar a despeito de mecanicismo do acamamento N-H-E em que seu professor tem necessariamente na paisagem (e junto a ela o espaço) um instrumento de trabalho. Sem a paisagem não se pode explicar o mundo como uma integralidade de coisas.

Essa é a característica que torna a geografia escolar reiteradamente na história do pensamento geográfico a grande fonte de restauração do que a ciência geográfica foi perdendo no tempo. É em seus manuais em que hoje a teorização clássica de um Reclus ou um Vidal se faz ainda presente, presente por sua necessidade de ver o mundo por nexos, um traço arquetípico cada vez mais residual nos manuais da geografia universitária. Aí estão reunidos como num centro de memória viva os impasses e as saídas da relação neokantista. As possibilidades do balanço retrospectivo e das propensões projetivas.

AS TENDÊNCIAS EM CURSO

Um aspecto adicional se põe hoje a esse universo da geografia acadêmica. E este se refere ao processo de reforma global do sistema de ensino silenciosamente em andamento. E cujo capítulo mais recente é a separação entre licenciatura e bacharelado exigido a todo sistema universitário.

Pode-se ver o efeito que a reforma vai ter seja sobre a geografia universitária, seja sobre a geografia escolar. E principalmente a possibilidade de se tornar institucional a enorme confusão cultural que reina entre especialização e fragmentação no ambiente da geografia universitária. Alimentado pelo desejo de ser um especialista de formação essencialmente técnica, a tendência é esse especialista usar da reforma, e já colocado acriticamente diante do fato dela, para desordenar por inteiro os cursos e

AS TENDÊNCIAS DA GEOGRAFIA

currículos de geografia universitária existentes. E, por tabela, as grades e os conteúdos programáticos das escolas.

É próprio da ciência se ver como uma forma de conhecimento parcelar. Nisso justamente a ciência e a filosofia diferem. E a necessidade da ciência, que a filosofia já não tem, de seu especialista concentrar-se no seu campo de conhecimento parcelar, como a Física, a Química ou a Geografia, dispensando em nome disso a necessária perspectiva da totalidade. Isso significa a importância do seu diálogo sistêmico com o campo global de ciência de que faz parte. Sem o que o seu conhecimento setorializado perde seu poder de conhecimento e todo o sentido. Levar o conhecimento especializado ao crivo e à conferência do plano integralizado. O que supõe ter-se em mira o próprio fundamento epistemológico que faz o setor ser o campo setorializado de alguma coisa. Há, assim, que especializar-se nos campos geográficos sem se perder a visão de totalidade jamais. O fato é que, fragmentários, perdemos essa perspectiva.

Essa é a diferença entre os campos da ciência e da filosofia. Não há como o filósofo especializar-se em fragmentos discursivos, resultando um filósofo especialista em angústia ou existência, antes tendo de concentrar-se em campos de sistemas globais de pensamento. Há, assim, especialistas em Platão, Aristóteles, Kant, Hegel, Husserl ou Heidegger, concentrando seu conhecimento nos sistemas de ideias de cada qual, um filósofo especialista na filosofia idealista da forma de Platão, realista da substância de Aristóteles, crítica da cognição de Kant, idealista da consciência de Hegel, fenomenologista das essências de Husserl, idealista da analítica existencial de Heidegger. Em situação análoga, mas de perfil distinto, há cientistas especialistas em Física, Química, Geografia, ou em formas de prática técnica de Engenharia, Arquitetura, Estatística. E, assim, internamente à Geografia, em Geografia Agrária, Geografia Urbana ou Geografia Cultural, entre os ramos setoriais da Geografia Humana, Geomorfologia, Climatologia ou Biogeografia, entre os ramos setoriais da Geografia Física. Mas, a exemplo do filósofo, ser um especialista implica não perder a visão de conjunto. Não perder o sentido da condição epistêmica de ser um especialista de um setor da Geografia, o chão e a janela da totalidade para a qual necessita sistemática e sistemicamente orientar o olhar do seu ramo de especialização doméstica.

A reação antifragmentária vem justamente nesse sentido. E a forma como ela propõe harmonizar o olhar setorial de um especialista e o olhar integralizado de um profissional setorial em Geografia. Daí entender que o modo de realizá-la é o reencontro das categorias fundantes de nexo estrutural das definições que na primeira fase é a paisagem, na segunda é a relação homem-meio e na terceira é o espaço. Nisso precisamente reside a teoria do geossistema de Sochava, a teoria da fitoestasia de Tricart, a teoria da situação de George e a teoria do espaço histórico produzido

|155|

de Santos, a categoria da paisagem instrumentando a integralidade do primeiro, a categoria da contradição sociedade-natureza do segundo e terceiro, e a categoria da determinação do espaço do quarto, no plano do método.

Basta lembrar que a paisagem é em Sochava o conjunto dos elementos físicos e humanos em sua unidade-diversidade de captação sensorial, elementos variáveis que se entrelaçam em suas relações de interatividade fazendo da paisagem um sistema. Sistema que, visto por seus arranjos de espaço, forma, por isso mesmo, um geossistema. E geossistema como um corpo de teoria e método em Sochava, um recurso teórico-metodológico de classificação de unidades de meio ambiente em Bertrand e um nível da sucessão de escalas de grandeza dos tipos de meio ambiente em Tricart, tal a força do seu significado de discurso de integralidade. Assim, tanto um geomorfólogo quanto um geógrafo agrário pode operar como especialista sem que a perspectiva da totalidade do olhar seja perdida. A teoria do geossistema significa para Sochava, para Bertrand e para Tricart justamente uma forma de a apreensão da singularidade vir já junta à apreensão totalizante da Geografia, uma propriedade de olhar que a põe na condição ímpar de possibilidade de teorizar sobre a relação singular-geral que escapa à generalidade dos campos de ciências.

Mas também lembrar que o espaço em Santos é o elo que, conectando a heterogeneidade dos fenômenos nos seus entrelaces conjuntos, faz da sociedade uma só unidade de integração. É a teoria que Santos deriva do conceito técnico de organização espacial da sociedade de George, arrumada e temperada, porém, no conceito de formação social do marxismo, que a ele permite ver emergir da totalidade mediada pelo espaço – que designa formação espacial ou formação socioespacial – o caráter integrativo dos elementos tanto físicos quanto humanos que toda formação espacial encerra. Também aqui, seja qual for o viés de especialização, a integralidade geográfica é o horizonte de referência.

Não é um fato recente, todavia, essa separação envolvendo licenciatura e bacharelado. Muito menos a ideia de sua transformação em dois cursos universitários de Geografia de natureza distinta. Já antes, nos anos 1980, com o nome de projeto Geres – Grupo de Estudo de Reestruturação do Ensino Superior –, o Estado propusera essa separação, com as licenciaturas indo fundir-se numa espécie de escola normal superior e os bacharelados, num agregado de centros de excelência. Nesse projeto, a licenciatura definir-se-ia como uma formação de professores puramente repassadores de informação atualizada de conhecimentos na escola e o bacharelado, como uma formação de pesquisadores-assessores voltados para o mercado técnico de trabalho. Assim, o sistema universitário dividir-se-ia em duas partes ministeriais, a licenciatura indo formar um ministério de educação e o bacharelado, um ministério de ciência e tecnologia, numa separação institucional também radical do ensino e da pesquisa.

AS TENDÊNCIAS DA GEOGRAFIA

O projeto não foi avante. Tratava-se de dar sobrevida ao modelo de ensino escolar – com seus rebatimentos na estrutura do ensino universitário – em que as disciplinas do curso ginasial, hoje ensino fundamental 2, haviam sido agrupadas em áreas, as áreas de Estudos Sociais (reunindo História e Geografia), Comunicação e Expressão (língua portuguesa e línguas estrangeiras) e Matemática e Ciências. O projeto faliu no nascedouro, com as disciplinas voltando a existir separadas na grade da escola e na estrutura de cursos do ensino universitário, em alguns dos quais a separação nem chegou a ocorrer.

A rigor, estávamos diante da implementação de um antigo projeto de reforma do sistema de ensino brasileiro em seus três níveis, trazido junto ao golpe militar de 1964 com o nome de Projeto Camelot, que retorna agora com forma e nomenclatura novas, porém no mesmo perfil geral de então.

A reforma do ensino superior chama-se agora Projeto Universidade Nova. É um projeto em implantação já de 5 anos, atingindo hoje mais de 20 instituições federais de ensino universitário, a caminho de generalizar-se pelas unidades estaduais de universidade pública de alguns estados. Trata-se de reformatar a estrutura do sistema de ensino superior, organizando-o em três fases concatenadas, cada fase cumprindo uma função. A primeira fase, denominada bacharelado interdisciplinar, tem uma duração de três anos, arrumada em quatro áreas, pelas quais o estudante universitário opta em sua entrada, a área de humanidades, a área técnica, a área de saúde e a área de artes. A segunda, bifurcada em licenciatura e formação profissional, tem a duração média de dois a três anos, a ela o estudante acedendo mediante o diploma da fase antecedente, quando as profissões ainda embaralhadas na grade particular de cada área agora se separam em rumos de especialização. Quem entrou na área de saúde faz agora o processo de seleção para seguir os estudos em Medicina, Veterinária ou Enfermagem. E assim sucessivamente. A terceira e última fase é a pós-graduação, o ingressante devendo ter concluído a segunda, indo agora rumo a um momento de aprimoramento da formação profissional de especialização já definida.

A universidade assim estruturada supõe o ensino médio a ela adaptado nos mesmos termos. É assim que o ensino médio vai caminhando para se organizar nas mesmas áreas da primeira fase da Universidade Nova, cujo balão de ensaio é o sistema do Exame Nacional do Ensino Médio (Enem). Embora frequentando disciplinas autônomas no correr das séries do ensino médio, o aluno deve se submeter no Enem a um exame de qualificação dos conteúdos agrupados em três áreas – Ciências Humanas, Ciências Naturais, Matemática e Linguagem-Código – muito próximas das áreas da fase do bacharelado interdisciplinar da nova estrutura universitária, obrigando professores e alunos a já exercitarem essa estrutura de avaliação desde os primeiros anos do ensino médio.

O DISCURSO DO AVESSO

E é para esse modelo de áreas que também o ensino fundamental começa a caminhar. Algumas das grandes capitais já organizam a grade das disciplinas nesse formato. E sua tendência é se generalizar para as demais e daí se estender sucessivamente para a totalidade dos municípios.

Há, assim, um processo de reforma do sistema de ensino em que a reforma passada e a reforma presente se assemelham em alguns pontos e se diferenciam em alguns outros, tudo indicando ser o Projeto Camelot se implantando sob um formato novo. No esquema de reforma da versão passada, ía-se da reestruturação do ensino do primeiro grau para a do ensino universitário, o ensino médio acompanhando esse trânsito. Assim, as disciplinas da grade escolar se agregavam em três áreas no hoje ensino fundamental 2. No ensino médio essas áreas desapareciam, com as disciplinas voltando a ganhar individualidade e sendo ensinadas por professores nelas formados em nível superior. No ensino superior, entretanto, voltavam as mesmas três áreas do ensino fundamental, os professores ganhando habilitações praticamente polivalentes ao se deslocarem para lecionar nas escolas, mas também especializadas por disciplinas individualizadas tendo em vista o exercício do magistério autonomizado dessas disciplinas no ensino médio. No esquema da versão em andamento as disciplinas tendem a se agregar em áreas do ensino fundamental ao ensino superior, a novidade vindo da forma completamente diferenciada com que a universidade passa a se organizar, num efeito ainda imprevisível para as relações de reciprocidade com o sistema escolar e para o sistema de regulamentação profissional, hoje organizado em conselhos regionais/federais segundo a profissão, como o sistema Confea/Creas para o bacharel em Geografia.

O fato é que uma primeira consequência da Universidade Nova é o desaparecimento da licenciatura e do bacharelado do modo como o conhecemos. O bacharelado deixa de ser a designação de um profissional de matiz universitário para ser a designação de um diploma de valor de acesso e estatístico. E a licenciatura se torna o que previa o projeto Geres. Assim, se a licenciatura segue sendo um curso de formação profissional, o bacharelado não mais. Esvaziada da pesquisa e reduzida ao papel de repasse de informação, a licenciatura é um curso universitário da segunda fase, ao passo que o bacharelado se torna uma nomenclatura formal da primeira. Posta, todavia, numa segunda fase que se divide em dois caminhos com os nomes de licenciatura e formação profissional, não se sabe se para os reformadores a licenciatura segue sendo ainda uma profissão. Desaparece também a distinção atual entre graduação e pós-graduação, a graduação sendo função de um agregado de primeira e segunda fases e a pós-graduação, função da terceira e última fase. Com isso, a graduação passa a visar puramente a formação do profissional e

AS TENDÊNCIAS DA GEOGRAFIA

a pós-graduação, a qualificação e pesquisa, eliminando-se em princípio a pesquisa dos cursos de graduação.

Tudo leva a crer estarmos diante de um propósito de ajuste do sistema de ensino ao que por ventura venha a ser o novo paradigma de sistema de ciências. Há em curso uma mudança de paradigma de ciências ao qual certamente haverá de corresponder um paradigma institucional de universidade. Foi o sistema universitário o terreno privilegiado da criação e legitimação do sistema neokantiano de ciências na virada do século XIX para o século XX, o sistema de ciências justamente hoje declarado em crise de paradigma, despedindo-se em nome da chegada de outro. E nessa virada de século XX para o século XXI a universidade certamente será o fórum de concerto da forma paradigmática nova que está a caminho, devendo rever sua estrutura para cumprir esse desígnio e se colocar na correspondência do novo que venha. Com ela virá certamente uma forma de geografia universitária nova. E uma geografia escolar que lhe seja correlata.

O que hoje temos é uma correlação de geografia universitária e de geografia escolar que tende, assim, a entrar, junto ao sistema de ciências, de sistema profissional e de sistema de ensino num grande período de rediscussão de formato. Seria, assim, um quarto momento de correlação universidade-escola, a tomar o livro didático escolar e o currículo universitário como fontes de referência correlativa. O primeiro foi o momento clássico de até os anos 1970, de que Aroldo Azevedo é a expressão mais clara. O currículo universitário é o clássico que os formadores trazem para o Brasil, de que o *Tratado*, de De Martonne, e o *Princípios*, de Vidal, são a base. É um momento coincidente com a transição da fase de estudo descritivo da paisagem para a de estudo da relação homem-meio das definições de Geografia. E daí a geografia universitária e escolar de base no sítio, próprio do discurso do *Tratado*, e de estrutura de pacote de acamamentos, modelizado no *Princípios*, que vemos integrar universidade e escola num mesmo paradigma. Por trás, o arquétipo que começa com Ptolomeu e termina com Estrabão. O segundo momento foi o de ecletização desse modelo, em que intervém maior diversidade de autores. A organização arquetípica no geral é mantida, invertido o primado de um arquétipo ou de outro, mas a estrutura em acamamentos é alterada em sua ordem, quando não é parcialmente suprimida. São referências as obras do IBGE os manuais integrativos da geografia universitária e da geografia escolar, sua inscrição linguística e vocabular em geral servindo de base das aulas universitárias e de escrituração dos textos escolares. O paradigma epistemológico do primeiro momento é ainda o paradigma do segundo, alicerçado numa reafirmação ontoepistêmica kantiana que só vai ser questionada com o advento da metodologia teórico-quantitativa de inspiração neopositivista dos anos 1960-1970. O terceiro momento é o atual, coincidente com a passagem da fase do estudo da relação homem-meio para a do estudo da organização do espaço, que marca a estrutura do sistema de ensino da universidade e o sistema de ensino da escola numa consonância ideológico-epistemológica que só agora entra em fase de esvaziamento. Uma diversidade de livros tornados manuais de uso universitário e reproduzidos quase de imediato nos manuais de uso escolar em suas formulações e ideias dá o tom de paradigma. A indagação de futuro cerca o eventual quarto momento. Mas o ideal do modo de interação universidade-escola e referencial comum de paradigma é certamente o que saia de um mergulho crítico no passado descrito anteriormente.

PARA O AVESSO DO AVESSO

O acervo de ideias e formulações acumulado no curso do tempo é o repertório de meios que deverá servir de base para o erguimento do pensamento geográfico nessa quadra de reestruturação paradigmática por que passa o todo do universo científico. Não foi outro o propósito de mapeá-lo senão este neste livro.

Olhar retrospectivamente o passado é o primeiro ato necessário ao olhar projetivo. Algumas ideias mais, incluindo as formas que se imagina do novo ser, cabem ainda neste fechamento. Há que se restabelecer o chão sobre qual o saber geográfico nasceu e se edificou, mesmo que esse chão tenha envelhecido e a memória do tempo já tenha empoeirado. E há de fazê-lo imaginando onde se pode chegar.

Toda ciência precisa ajustar-se a sua contemporaneidade. Mas precisa também manter a essência de sua peculiaridade, sob o preço de perder-se e não encontrar o caminho que a ponha na perspectiva de atualidade que procura. Se o formato novo é um tema de procura, os traços de seu desenho já estão dados.

O RETROSPECTO ONTOEPISTEMOLÓGICO

Quando nasce no duplo do olhar de Estrabão e Ptolomeu, o pensamento geográfico tinha claro seu perfil. As exigências do tempo foram lhe dando o referendo, na mesma medida que cobravam sua atualização. As saídas e os problemas fazem parte desse trajeto.

Um balanço desse movimento inclui o rol de virtudes e equívocos que esse trajeto foi perfazendo. E é esse rol que forma a trilha das alternativas da atualização.

As direções da práxis

A questão central de um saber é o caráter da sua práxis. Se a produção e prática desse saber não visar a ligação crítica com a estrutura de história de que faz parte, servirá ao fim de configurá-la em algum termo de alguma maneira. Em uma sociedade de tensões conflitivas, não há oportunidade de esse saber não ser envolvido por elas, ajudando a compreendê-las ou a aprofundá-las. É assim que um conjunto de indagações automaticamente aparece. Que questão imediata esse tema central do saber lhe põe? Será ele por natureza um saber acrítico? Qual a natureza desse saber?

Uma análise atenta da história do pensamento geográfico revela reunir-se nele a diversidade de componentes que pode levá-lo a uma pluralidade de direções de intervenção possíveis. Pode servir a uma negação de mudanças. Pode servir a uma afirmação de mudanças também. Toda a história registrada nos textos desse pensamento é a história de uma práxis sempre atenta às múltiplas necessidades do tempo.

As formas históricas do discurso

Toda forma de práxis pede a produção das ferramentas teóricas apropriadas, com o adendo de que o discurso teórico produzido para um rumo pode não servir para o seu rumo oposto. Seja como for, a historicização do pensamento geográfico que a basifica é o passo no sentido de concebê-las. Significa isso analisar o processo de sua formação e desenvolvimento, o rol de suas questões, teses e conceitos, os princípios de seus fundamentos. E de ver na teia do contexto a teia das tensões do tempo. No passo da investigação é essencial realizar o resgate dos trabalhos deixados ainda em fragmentos, as formulações inacabadas, os projetos de vanguarda de seus intérpretes, certamente porque neles se guarda, sob o peso da poeira da marginalização, os subsídios mais ricos e mais críticos.

Nenhum campo de saber opera um salto qualitativo em si mesmo se esse salto não vem como produto de um mergulho crítico em sua própria história. E o conhecimento dos envolvimentos dos intérpretes com o tempo é um conhecimento de essência. Reconstituir projetos e posicionamentos pode ser a fonte do discurso novo que se faça necessário. Neles se tem o estado de consciência histórica da ciência.

O pensamento social moderno é rico nessa potencialidade. Incorporada às lutas da burguesia (a classe média em ascensão do período) nos séculos XVII ao XIX e às lutas do operariado e do movimento socialista dos séculos XIX e XX, as ciências sociais desenvolveram e apuraram discursos de vanguarda que ainda hoje são a marca de sua essência. A Geografia não foi uma exceção. É quando nasce a concepção moderna de paisagem. Conhecer por meio dela as determinações recíprocas do espaço

PARA O AVESSO DO AVESSO

e da sociedade tornou-se uma arma fundamental de ação política. É assim que as classes sociais do terceiro estado (a burguesia e a massa do povo) em luta contra as do primeiro (a classe feudal) e do segundo (a Igreja) elegeram-na como um dos seus principais instrumentos. Cada uma das ciências sociais desenvolve-se nessa introjeção mútua da história no saber e do saber na história, erguendo-se como expressões das correntes substantivas da sociedade em transformação.

Pode-se divisar três fases na história do pensamento geográfico moderno: a inventariante, a ideológica e a científica. A fase inventariante é a do pensamento renascentista; a ideológica, a do pensamento colonial; a científica, a do pensamento industrial.

Nos começos do capitalismo a Geografia é um saber inventariante. Levanta e cataloga informações de que o comércio, o Estado e a curiosidade necessitam dos povos e terras recém-descobertas. A riqueza dessa inventariação vai alimentar a acumulação primitiva, instrumentando nessa função utilitarista o tráfico de escravos, a pilhagem da riqueza dos povos americanos, asiáticos e africanos, e as ações de pirataria entre os próprios Estados conquistadores.

Na medida em que o colonialismo se desenvolve, a Geografia faz a vez de um veículo de inculcação ideológica na relação de alteridade que vai se estabelecendo entre os conquistadores e as populações e lugares de colonização, instrumentando as formações dos valores culturais modernos que sobre essa base está se construindo. A inventariação põe-se agora a serviço da criação de uma ideologia largamente europeizante do mundo, modelada na imagem dos povos colonizados que os mapas passam e difundem sempre a favor da superioridade do mundo europeu. São mapas em que aqueles sempre aparecem como homens bárbaros, selvagens e incivilizados em contraste com o estado civilizado dos conquistadores europeus, numa caracterização no fundo destinada a legitimar a ação da conquista. Rostos de índios são neles associados a expressões de ferocidade animal que falam a favor da função benfazeja da colonização. E paisagens inteiras falam da selvageria que é obrigação europeia erradicar e substituir por sua cultura civilizada.

A industrialização vai levar a Geografia a uma fase científica. O mundo dominante se torna economicamente maduro, urbano e industrial e trata-se agora de dispor dos conhecimentos sistematizados e precisos dos recursos do mundo requeridos por sua produção e consumo. É a fase de ciência da localização e distribuição espacial fundadora de uma cartografia de regionalização de uma divisão internacional de trabalho e de trocas rigorosamente assentada e empresarialmente demarcada nas inscrições de mercado.

Porém não são três fases mutuamente excludentes entre si, até porque a fase de inventariação vem do passado. A passagem de uma fase para outra é um salto dado no interior do mesmo espaço institucional do Estado. Mas as ações inventariante,

O DISCURSO DO AVESSO

ideológica e científica se interpenetram como formas de prática recriativas, já que não há saber científico sem ideologia e inventariação, e vice-versa, as três fases se contemporaneizando sob o predomínio de uma delas.

Desse modo, a história do pensamento geográfico se distingue e ao mesmo tempo não se diferencia por se exprimir por esta ou por aquela forma de ação prática, mas pela forma e respectiva função que essas formas de prática cumprem juntas no esquema de determinações geográficas da época. Assim, a forma inventariante reflete a dispersão e heterogeneidade espacial de um período marcado pelo baixo nível de desenvolvimento das forças produtivas e pelo baixo poder de mapeamento cartográfico de que depende a capacidade dos Estados de ordenar seus domínios. A forma ideológica, a necessidade de agregar a face dessa cartografia heterogênea e dispersa num modo de representação que padronize o olhar do dominante e sua capacidade de programar os esquemas de seu domínio. E a forma científica, a capacidade técnica de ordenar a heterogeneidade e dispersão de um modo espacial novo e mais conforme com o interesse de localização e distribuição de meios, recursos e homens das empresas e do Estado. É quando a inventariação, a ideologia e a ciência precisam andar de mãos dadas, uma vez que a heterogeneidade, tornada mais simples e homogeneamente padronizada, torna-se pela concentração mais problemática e perigosa. É a época, por isso, da geografia científica, mas também do planejamento.

A crítica ideológico-epistêmica

Tão importante quanto a reconstituição histórica dos elementos discursivos é a dos fundamentos crítico-epistemológicos das construções discursivas. Desenvolvê-la implica responder no plano teórico a três questões político-ideológicas por excelência: a Geografia, o que é, para que serve e para quem serve. A seguir, desdobrá-las em temas mais e mais específicos, até chegar à raiz do arcabouço teórico-metodológico do saber geográfico.

Tornou-se lugar comum, após a crítica de Lacoste, considerar-se que o discurso geográfico encontra-se ainda, a despeito do que se proclama, em sua fase de pré-ciência. Vale dizer, sem ter feito até agora seu corte epistemológico. E uma vez que o tema levanta o entrelaçamento entre a epistemologia, a teoria e a ideologia, a crítica deve ter por conteúdo o fundamento filosófico no qual o discurso geográfico se encontra mergulhado. Esse fundamento é, sabemos hoje, um combinado do naturalismo e do historicismo que vêm respectivamente da escola histórica alemã e da escola histórica francesa.

O naturalismo e o historicismo são duas formas de reducionismo que essas escolas põem no lugar da dialética, sobre as ciências naturais a partir da Alemanha e

PARA O AVESSO DO AVESSO

sobre as ciências humanas a partir da França na segunda metade do século XIX. Sua adoção significa uma guinada que então se dá na evolução da filosofia da ciência com o advento do neokantismo. E, de certo modo, o estabelecimento do método científico que faz a ciência gravitar ao redor do tema das leis que regem a evolução dos fenômenos tanto naturais quanto humanos.

Fundada como uma ideologia alemã (por Kant, Ritter e Humboldt) e em seguida francesa (fundada por Reclus, Vidal e Brunhes), a Geografia é atingida por essas ideias duplicadamente. As duas vertentes levam-na a dividir os fenômenos naqueles submetidos às leis naturais e aqueles submetidos às leis humanas, quebrando seu campo científico em Geografia Física e Geografia Humana. A primeira materializa a escola do naturalismo alemão e a segunda, a escola do historicismo francês, embora ambas sejam filhas do mesmo fundamento de filosofia. Nascido nesse contexto e por meio desse processo, o discurso geográfico moderno foi, certamente, o único entre os discursos das ciências a nele não se modelizar inteiramente.

É em virtude de tão acrítica filiação que a Geografia irá se constituir no saber ambiguamente dicotômico que vimos ao longo deste livro. E se modelizar no ecletismo discursivo que conhecemos. Assim, seu ponto de referência conceitual e teórico-metodológico é o campo estrito do sensório que ora chama de paisagem, ora de relação homem-meio, ora de espaço, e no qual os pares dialéticos são substituídos por pares dicotômicos como homem e meio, região e nação, campo e cidade, espaço e tempo, espaço e sociedade, sociedade e política, ciência e política, síntese a análise. George, na mais sólida e conspícua tradição vidaliana, afirma ser a Geografia a "ciência de síntese" que costura os "resultados parciais" das "ciências de análise", dando na ausência de um método próprio, já que seu método é a totalização dos "métodos parciais" das ciências de análise que ela "coordena" e copia (George, 1978).

A linguagem conceitual

Se o ponto de referência da linguagem fosse o meramente sensório, limitando-a às categorias da descrição, essa linguagem acabaria por se tornar o campo de imobilidade das ações do saber. A Geografia tem sido um discurso de grande poder ideológico porque as coisas de que fala "estão à vista" de qualquer um, mas também daí tem tirado seu poder de fogo ao ligar o visível à força explicativa do invisível.

O conceito é o elemento discursivo que dá vida à paisagem. E são essas duas categorias que dão à Geografia desde Estrabão e Ptolomeu a propriedade de fala que a tornou um saber de domínio popular.

Daí a necessidade de sempre avançar sobre a forma dessa fala, já que sem uma linguagem revolucionada pouco se pode andar no sentido da renovação. Mas toda lin-

|165|

guagem é tipicamente a expressão de um fundo definido de inscrição epistemológica. É tão ilusória uma garrafa nova com rótulos velhos, quanto uma garrafa velha com rótulos novos. Isso significa que toda renovação é ao mesmo tempo um movimento superativo do discurso existente e afirmativo da sua essência constitutiva. Mas toda linguagem é também a expressão de realidade vivida. Daí deriva o problema de que um discurso teórico renovado que não seja uma forma nova de falar do real veja bloqueado seu caminho nesse campo também de domínio afirmativo. Uma ciência de discurso novo realizado no interior do vazio epistêmico e concreto vivido só logrará impedir sua própria marcha de mudança.

A linguagem é o ponto nevrálgico de uma ciência porque é com ela que se capta e se sintetiza a realidade sensível. Ela é, ao mesmo tempo, um instrumento de compreensão e intervenção na realidade. Dela depende a ordenação, concatenação e clareza do pensamento. E assim a ação orientada. Por isso, quanto melhor represente o fundo epistemológico do saber e mais fortemente se identifique com a realidade em seus conceitos, mais poder de fala científica a reveste.

Seu papel para a ciência vai, assim, além de ser um meio de comunicação entre os homens. Uma ciência opera com um universo linguístico que é um corpo preciso de conceitos e categorias, um vocabulário específico e que tem que ser amplo. E uma vez que se refere a um processo de práxis, essa linguagem necessita ser precisa, incisiva, clara e crítica. Embora não se mude uma ciência por meio da mudança da linguagem, não se muda uma ciência se não se muda continuamente sua linguagem.

Sendo uma ciência que tem por base o real, deste é que deve emanar a linguagem do discurso geográfico. Daí que a raiz da linguagem geográfica não deve ser apenas o nível imediato. Não apenas os dados da paisagem natural. E não apenas os dados da paisagem humana. Mas todo esse múltiplo encarado pela determinação de falas do mediato. Em outros termos, pela fala das múltiplas determinações do real-concreto que vai explicar.

Daí que o modo de produção da linguagem consiste em converter as categorias do real em categorias de análise para com estas compor o corpo teórico que, saindo do real-empírico e a ele voltando como objeto numa dialética de ida e vinda de mediações categorias, leve a ciência a se aproximar progressivamente da verdade.

É nesse plano que a fundação epistêmica cobra seu tributo. Sendo as múltiplas determinações de uma sociedade as mesmas para todas as ciências, porque não são atributos das ciências, mas da sociedade para cuja investigação as ciências se voltam, as categorias da análise acabam por lhes ser comuns, confundindo-lhes as expressões. Gerais para o universo das ciências, as múltiplas determinações são um agregado de mediações categoriais que ganham entre elas peso de ênfase diferenciado, cada ciência realçando mais um agregado de mediações que outros segundo seu campo, em geral dele partindo para o emprego das demais. É assim com a paisagem e o espaço para o campo analítico da Geografia. Propriedades do real, não da Geografia, paisagem e espaço são mediações que põem o real num plano estruturante e analítico distinto, por exemplo, o valor e o preço enquanto mediações pelas quais o mesmo real é lido pelo olhar da Economia. Se no plano estrutural concreto do real paisagem e espaço podem ser vistos como formas de expressão do valor e do preço, considerado o fluxo do real em seu movimento, valor e preço podem ser vistos como formas de expressão da paisagem e do espaço nesse mesmo fluxo, a janela do olhar flagrando o movimento por ângulos diferentes, mas também modos de estar e ser diferentes de materialização. Pelo olhar do custo e do preço o real é uma estrutura. Pelo olhar da paisagem e do espaço é outra. Mas são apenas os múltiplos do aparecer da dialética do concreto.

Por isso as mediações não têm a feudalidade da compartimentação que a visão positivista decidiu traçar para as ciências, criando campos tão rigidamente demarcados, ao modo das corporações medievais, fragmentando-os tanto entre si que dialogar sobre o movimento se torna impossível.

Como elos de linguagem de fala referida a um ponto do movimento, o de uma de suas materializações sensíveis, a paisagem e o espaço são mediações tão geográficas, biológicas, historiográficas, econômicas, antropológicas, geológicas enquanto estados de ser do real, mas com a especificidade de ser o modo de estar geográfico do biológico, do historiográfico, do econômico, do antropológico, do geológico e outros tantos modos de realizar-se do real dinâmico. Há um modo de estar geográfico do real coabitante com outros modos. Foco de um olhar geográfico dialógico e coabitante com os outros tantos. Modos de estar e de olhar dentro do mesmo. O real múltiplo no estar e nos parâmetros do olhar. O olhar é a janela de mediação. E é esse olhar de mediação de paisagem-espaço que faz a diferença epistêmica do olhar geográfico.

O lugar da mediação

A construção de um discurso não se faz, pois, como um salto no ar. Mas com as amarras do mergulho profundo nos fundamentos. Este depende do crivo crítico do tempo, gravado na memória categorial da linguagem. Pode-se assim resumir a dialética ontoepistêmica de uma ciência.

É o mergulho histórico-estrutural que vai separar o joio do trigo no inventário memorial da linguagem. Daí o papel do critério de localizar e demarcar as categorias fundamentais que inscrevam e referenciem as remontagens discursivas. E o de fazer do remonte a decantação que forneça o salto de qualidade que é preciso.

É sob esse prisma que sempre vêm à tona do realce os valores da paisagem, a categoria por excelência do discurso empírico, e do espaço, a categoria de leitura

O DISCURSO DO AVESSO

analítica do modo de ser-estar sensório daquela. Delas vêm as categorias da região e do lugar, as formas do recortado paisagístico-espacial concreto do território. E por trás destas, as categorias dos princípios da localização, distância, extensão, demarcação, escala, conexão, de conotação cartográfica. E, assim, a forma de linguagem com a qual a Geografia se candidatou a se apresentar ao mundo das ciências como um campo de personalidade própria.

Operar uma ruptura num saber de acervo linguístico rico como a Geografia não pareceria coisa difícil, não fora o significado tão opaco que o período do neokantismo emprestou aos seus vocábulos. Quando não extintos, não raro foram empregados como termos de sentido vago, entregues ao fim de querer dizer alguma coisa, sem que isso viesse especificado, a exemplo das categorias do recorte, da área, do local, do lugar, da zona, da região, usadas ora querendo dizer a mesma coisa, ora querendo dizer escalas diferentes de ordenamento de espaço.

Daí a necessidade de se resgatar o significado exato de cada um desses termos, seu sentido categorial. Mas, sobretudo, de remontá-los como linguagem com base num rígido traçado conceitual. E a partir do homem e da natureza e suas relações em suas determinações espaciais como ponto de afirmação de fundamento.

O homem e a natureza

É a relação homem-meio mediada pela sua forma de organização de espaço o campo ao mesmo tempo epistêmico e linguístico do discurso geográfico. A relação que o advento neokantista tende a dissolver numa sequência de três momentos discursivos: 1) o da polêmica determinismo *versus* possibilismo; 2) o dos estudos neomaltusianos de população; e 3) o do ecologismo. O primeiro domina o período de virada do século XIX até aos anos 1930, o segundo o do imediato pós-guerra (anos 1950-1960) e o terceiro, o atual. São formas de reducionismo.

O reducionismo é um processo que consiste na eliminação das mediações que se interpõem entre os níveis da aparência e da essência. No caso, entre o nível mais externo e o mais interno da relação homem-meio. O objetivo é o de, com essa eliminação, desmontar o sistema das determinações da relação do homem e da natureza de modo a facilitar uma filtragem da qual só restem as mediações do imediato, qual seja as imediatas do nível empírico. Estas, elevadas à condição de determinantes do real-concreto, acabam por fazer do conhecimento um modo de empobrecimento do real, despojado de toda a sua múltipla riqueza de síntese. Daí que do determinismo ao ecologismo o trajeto do entendimento geográfico tenha sido lançado ao nível fenomênico mais simplista.

É o que acontece com os estudos de população calcados no discurso do neomaltusianismo, quando a determinação sócio-histórica das relações homem-meio

PARA O AVESSO DO AVESSO

é deslocada da esfera da produção (nível do valor) para a esfera do consumo (nível das camadas de renda). Ou com os estudos da natureza de decalque no ecologismo, quando essa determinação é deslocada da raiz da produção (fonte de valor) para a da ecologia (ora conotada as relações tecnocientíficas, ora as relações de demanda predatória de consumo). São duas diferentes maneiras de reduzir em Geografia a complexa multiplicidade das mediações do real-concreto à espessura rasa da relação causal (a dualidade causa-efeito) da metodologia positivista.

A relação homem-meio segue, entretanto, a trilha complexa da lei do desenvolvimento da unidade do diverso, lei que o discurso geográfico corrente tem captado mesmo que de modo incorreto. A unidade do diverso é a dimensão do concreto que vemos na paisagem enquanto síntese e lugar da relação do homem e da natureza. E, assim, da razão porque homem e natureza integram um mesmo mundo, embora como entes fenomênicos diferenciados.

E é o homem o fator relacional da complexidade que vemos no fato da unodiversidade da paisagem do real. Ele é antes de tudo um ente da história natural. Um ser natural que coabita internamente a natureza com os outros entes naturais. Com a propriedade de ser a forma mais avançada do desenvolvimento da natureza pela diferenciação da matéria dispor do nível de sensibilidade que os outros seres não têm. E poder se valer disso para dar o salto de sua continuidade evolutiva de história natural em história social como sujeito de si mesmo. Daí poder-se falar da relação homem-natureza como de uma interação alternada de relação internoexterna e externo-interna (o homem que, num momento, é um de dentro e, num seguinte, é um de fora, para mais à frente voltar a ser um dentro num ciclo dialético de internalização-externalização com a natureza) ininterrupta, que não vemos se dar com os demais entes.

A relação homem-natureza
como troca metabólica do trabalho

O processo do trabalho é a ponte dessa relação de interioridade-exterioridade do homem com a natureza. Processo de troca metabólica de força e matéria entre o homem e a natureza, é através dele que o homem salta de dentro da natureza para dentro da sociedade (um para fora da natureza) e de dentro da sociedade para dentro da natureza (um de volta para dentro da natureza), numa repetição de troca de posições recíprocas que é função do seu próprio arranjo de espaço.

A relação homem-natureza ocorre justamente porque, sendo o homem parte integrante do mundo da natureza, está ele sujeito às leis objetivas da reprodução biológica, preso às determinações naturais de sua reprodução:

|169|

O DISCURSO DO AVESSO

> [...] o primeiro pressuposto de toda a existência humana e, portanto, de toda a história, é que os homens devem estar em condições de viver para poder fazer história. Mas, para viver, é preciso antes de tudo comer, beber, ter habitação, vestir-se e algumas coisas mais. O primeiro ato histórico é, portanto, a produção dos meios que permitam a satisfação destas necessidades, a produção da própria vida material, e de fato este é um ato histórico, uma condição fundamental de toda a história, que ainda hoje, como há milhares de anos, deve ser cumprido todos os dias e todas as horas, simplesmente para manter os homens vivos (Marx e Engels, 1998: 21).

e ter que resolvê-las por meio das leis objetivas das determinações sociais da história, como Marx observara na *A ideologia alemã*, numa espécie de resumo da dialética da interioridade-exterioridade geográfica.

A relação com a natureza pelo trabalho; é este o caminho pelo qual o homem vai libertar-se das necessidades próprias de sua condição de ser vivo. Por isso, ecológica, a relação liberdade-necessidade é em si mesma uma relação histórica. Já a partir do nível ecológico o homem se põe o problema da liberdade da necessidade, o trabalho vindo a resolver esse problema com um salto do reino da necessidade para o reino da liberdade.

É a determinação histórico-estrutural que dá a palavra final, mas é o condicionamento da relação homem-meio que dá sempre o sinal do reinício, a necessidade de estar vivo saltando de dentro da condição ecológica para dentro da condição social, ou da realização da história natural em história social, voltando às palavras de Marx. Nas sociedades primitivas a relação da liberdade da necessidade realiza-se no âmbito do envolvimento comunitário do homem com a natureza – a relação comunitária homem-homem que se transporta e se realiza como uma relação comunitária homem-meio – ainda que embaixo do limite ainda frágil do desenvolvimento das forças produtivas. Já nas sociedades modernas a relação da liberdade da necessidade encontra apoio num nível extraordinariamente desenvolvido das forças produtivas, mas sua realização esbarra no limite da forma social privada de distribuição dos meios de subsistência. O que nas sociedades primitivas é uma relação homem-natureza de liberdade da necessidade, nas sociedades modernas é uma relação homem-natureza de necessidade da liberdade. O poder de determinação ecológica é no fundo sempre uma questão de poder de determinação política. Uma condição da determinação social da história.

É no trabalho, portanto, que reside a potencialidade real de liberdade do homem diante da necessidade. Mas o processo do trabalho é um processo ecológico-social, e assim histórico-estruturalmente determinado. Pode ser um salto para a liberdade da necessidade e pode ser um salto para uma forma de necessidade ainda mais difícil de ser superada. Daí que toda forma de alienação começa na relação de intercâmbio homem-natureza do trabalho, bem como toda forma de desalienação.

A relação homem-meio é espaço...

É o fio da reprodução dos homens como homens vivos pelo processo do trabalho que define ecológica e economicamente o modo da natureza entrar no corpo da vida do homem. Este é ponto de ontologia onde, portanto, toda teorização da relação do homem com a natureza necessariamente começa em Geografia.

Todavia, seja a linearidade mecânica da dicotomia neokantiana que leva o discurso clássico a dividir-se em Geografia Física e Geografia Humana, seja a linearidade reducionista que nega estarmos perante categorias distintas quando falamos de homem e natureza, nenhuma dessas formas de leitura flagra a forma real de ligação que entre o homem e a natureza há no âmbito real das sociedades. Falta o peso de sobredeterminação do espaço, que só o olhar uno-diverso das múltiplas determinações do concreto alcança. Expliquemos.

Como o homem é um ser da natureza e isso significa uma relação de dentro e de fora que deva se repetir continuamente, é a reprodução a categoria-chave do jogo das múltiplas determinações. Sucede que a reprodução age na medida em que ela mesma encontra a categoria de mediação que mantenha o seu fluxo contínuo, agindo como uma forma de argamassa que ligue o todo o tempo todo, permanentemente. Isso significa uma categoria de ação cujo caráter mediador seja exatamente esse de juntar e manter as peças da engrenagem da reprodução se movendo em uníssono continuamente. Essa categoria é o espaço.

É justamente essa a descoberta de Humboldt ao perceber o papel regulador do ciclo para baixo e para cima de reprodução da cadeia trófica das plantas, aí incluída a reprodutibilidade sistêmica do homem. E também a de George ao perceber o papel regulador do ciclo para dentro e para fora da reprodução natural-social do homem do espaço. Temos nisso um claro valor de método. Vê-se o movimento do fenômeno vendo-se sua reprodução através da categoria mediadora do movimento de determinação múltipla de todas as outras, a planta no sistema da natureza de Humboldt, e o espaço no sistema da sociedade humana de George.

...e o espaço é relação homem-meio

A condição da reprodutibilidade é a presença da categoria de mediação da permanência. A categoria da mediação que assegure a repetitividade do *continuum*, através de seu estado de organização contínuo. A condição de reprodutibilidade da relação homem-natureza em qualquer sociedade (mesmo a de "natureza sofrida") é a presença do espaço.

É o espaço que mantém o homem atuando, mesmo quando interrompe o trabalho. E é o espaço que mantém a natureza existindo, mesmo quando esta já não

O DISCURSO DO AVESSO

tem a mesma forma (Smith, 1988). Suponhamos uma fração de área de determinadas características naturais, em um ponto qualquer do planeta. Podemos denominar o que aí temos de primeira natureza (a chamada paisagem natural). Seu estado de um todo organizado é assegurado pelo viés da distribuição das localizações de cada ente natural e do todo articulado da entificação. Imaginemos agora um grupo de homens aí se instalando e através do processo organizado da cooperação e da divisão territorial do trabalho transforme essa natureza em meios de sobrevivência. Temos agora uma natureza transmutada a que podemos denominar segunda natureza (a paisagem natural agora humanizada). Uma forma material de natureza, a natureza natural, transmutou-se numa segunda, a natureza socializada, a segunda natureza contendo em si a primeira, porque esta não sumiu se evaporando no ar, na forma nova da estrutura relacional-distributiva da configuração paisagística. A segunda natureza arruma agora a forma distributiva da primeira numa estruturalidade intencionalmente nova de organização. A divisão territorial do trabalho, determinando o modo de cooperação dos homens, vira a forma estrutural de organização da natureza, assim nascendo uma forma de arranjo de relação homem-meio que antes não havia. A sociedade é o nome dessa relação homem-natureza espacialmente organizada. E o arranjo do espaço, a estrutura de repetição que manter essa relação homem-meio se reproduzindo nos termos de conteúdo social-natural dessa sociedade daqui para frente. A história da relação do homem e da natureza passa a ser a história desse compartilhamento socionatural do espaço. E espaço, o real-concreto do homem e da natureza, estruturados em sociedade.

A ESTRUTURA ANALÍTICA:
O LUGAR ESTRUTURANTE DO ARRANJO

A totalidade homem-meio na história, portanto a sociedade, é o seu espaço. A sociedade espacialmente organizada é a forma existencial de ser do homem como o *continuum* da transformação da natureza em estrutura de relações societárias historicamente definidas. Daí dizer-se sociedade de espaço escravo-crata, sociedade de espaço feudal, sociedade de espaço do capital, referidos à natureza social da essência humana. Não é o espaço genérico, pois. Mas aquele que expressa na paisagem as mediações societárias da relação homem-natureza. O espaço geográfico.

Daí ser próprio da teoria geográfica não dissociar ao mesmo tempo em que distingue espaço e meio. E levar esses termos como um duplo que sinonimiza ao mesmo tempo em que diferencia a relação homem-natureza e a relação homem-meio. Há um todo de combinação categorial reunindo paisagem, espaço e meio cujo ponto de referência é a presença comum do homem. Para o homem como sujeito da relação,

PARA O AVESSO DO AVESSO

produzir o espaço como meio e paisagem é realizar a externalização de uma relação intranatureza em uma relação intrassociedade, onde o entorno criado surge arrumado como um novo meio espacial de componentes elementais visíveis na paisagem. A relação do homem com a natureza se metamorfoseia, assim, num entorno armado num formato de envolvimento espacial que para o homem é o seu novo meio. E é isso o *continuum* processual da reprodução espacial da relação homem-natureza, cada envolvimento novo de enquadramento de espaço significando um novo momento de sua relação de meio. A paisagem é a expressão visível desse *continuum* ao mesmo tempo em que é seu grande baú de memória. Daí a presença reiterante das três categorias em todo trajeto da história da leitura espacial dos modos de existência do homem nas teorias de Geografia.

E daí ainda a constatação teórica de que a sociedade é a relação homem-meio lida na sua dimensão da linguagem espacial. É espaço porque sem repetição histórica é impossível alguma permanência. E a reprodução repetida é o atributo por essência do espaço como categoria. Quando então olhamos a primeira natureza a partir de dentro do arranjo do espaço da segunda natureza, dizemos que olhamos o meio ambiente. Quando olhamos a segunda implicitamente vendo dentro dela a primeira, dizemos que olhamos o espaço. Na teoria geográfica é uma questão de conceito. Na metodologia geográfica é uma questão do olhar. O modo de abordar é a diferença.

Mas a sociedade é espaço porque é estruturalmente o que é o seu arranjo espacial. É o arranjo do espaço que aparece orientando sua dinâmica, ordenando sua estrutura e organizando o movimento de suas leis de reprodutibilidade. Uma analogia simples permite visualizarmos esquematicamente essa relação.

Se observarmos uma quadra de futebol de salão, notamos que o arranjo do terreno reproduz as regras que regulam a prática desse esporte. Basta aproveitarmos a mesma quadra e nela irmos projetando, numa sucessão de superposições, o arranjo espacial de outras modalidades de esporte, como o vôlei, o basquete ou o handebol, cada qual dotada de leis próprias, para vermos que o arranjo espacial diferirá para cada uma. E diferirá porque é o arranjo a forma da organização espacial dessas regras de jogo, expressão da estrutura de cada modalidade de esporte. Se todas essas modalidades de esporte seguissem as mesmas leis de estrutura e funcionamento, o arranjo seria um só. E não haveria diferenças de modalidade. Tal é o que ocorre com as sociedades. Assim como em cada tipo de esporte, cada sociedade tem sua própria forma de espaço-temporalidade.

A analogia termina naturalmente aqui. A transposição do exemplo da quadra de esportes para o plano real das formações espaciais implica alguns cuidados, como de resto deve acontecer com toda analogia. Não se trata de uma diferença de caso. Mas de estrutura de história. Há uma enorme diferença de caráter qualitativo entre a formação espacial-quadra e a formação espacial-sociedade. As regras do esporte são regras simples e mecânicas, ao passo que as leis de uma formação econômico-social são da ordem de grande complexidade de determinações. As estruturas econômico-sociais são estruturas complexas e de contextualidades que variam com o tempo histórico, não se reduzindo ao tempo sideral como as de uma quadra de esporte.

Já em sua estrutura interna a sociedade lembra uma metáfora espacial. Há uma base, a infraestrutura, cujo conteúdo são as relações econômicas, e há uma superestrutura que sobre ela se ergue, cujo conteúdo são as relações jurídico-políticas e as ideológico-culturais, genericamente denominadas relações extraeconômicas.

Não é difícil percebermos que, quando olhamos a paisagem, os objetos espaciais que vemos nela pertencem a esta ou àquela dessas esferas de arranjo de estrutura, tal como a fábrica pertence à esfera da produção e o supermercado, à esfera da circulação, esferas que se juntam para compor o todo da infraestrutura; e como o parlamento que pertence à esfera política, a prefeitura que pertence à esfera político-administrativa, a delegacia que pertence à esfera jurídica, a escola que pertence à esfera ideológica e a biblioteca que pertence à esfera cultural, componentes da superestrutura.

No nível individual da paisagem são objetos que aparecem isolados, sem aparente ligação. No nível conjunto do arranjo paisagístico, entretanto, são objetos que aparecem como tendo ligações, uma vez que as relações são fios invisíveis que só o pensamento calcado na comparação do sensório é capaz de revelar. Embora seja um nível meramente empírico, a instância paisagística do arranjo espacial nos fornece as pistas para se atingir a trama das ligações internas que dele fazem uma totalidade de estrutura integrada.

Tal é o que podemos verificar nas paisagens do arranjo do espaço das sociedades de organização capitalista. Nessas sociedades a totalidade social tem uma organização complexa em que as instâncias de arranjo se entrecruzam para formar uma estrutura extremamente diversificada. Embora no interior dessa totalidade tais instâncias guardem entre si certa autonomia pela qualidade fenomênica de seus objetos, projetam-se e sobredeterminam-se umas às outras, cada qual contém as demais, de modo que um objeto espacial qualquer é, e não é, ao mesmo tempo, econômico, jurídico, político, ideológico e cultural, a análise e a síntese deslindando o seu caráter verdadeiro como um dado do movimento.

Por sua propriedade de base é o objeto espacial da infraestrutura econômica que de ordinário se apresenta de modo mais genérico, formando o arranjo espacial econômico. Tal arranjo é, em essência, o resultado de como no seu âmago se organizam e se imbricam numa única unidade as relações de produção e as forças produtivas.

As forças produtivas são os elos de energia das relações econômicas, diferenciadas em três componentes: a força de trabalho, os objetos do trabalho e os meios do trabalho. A força de trabalho é a capacidade física e intelectual do homem (a mão de obra). Os objetos do trabalho são os elementos extraídos da natureza seja sob a forma bruta, seja sob a semielaborada (são as matérias-primas), sobre os quais se fará incidir a ação modificadora da força de trabalho. E os meios de trabalho são todos os recursos técnicos através dos quais os homens farão os objetos se transformar em produtos do trabalho (são as máquinas). Os objetos e os meios do trabalho se unem para formar os meios de produção, as forças produtivas assim se dividindo em meios de produção e força de trabalho. É a força de trabalho, trabalho efetivamente vivo, a chave da unidade das forças produtivas. Quando a força de trabalho põe os meios de produção, trabalho morto, em movimento, as forças produtivas se ligam organicamente, ganham vida efetiva e se movimentam como um só corpo. E é esse movimento o processo do trabalho.

As relações de produção são as relações que organizam o processo da produção a partir da organização do processo do trabalho. O destaque é aqui a forma de propriedade. É ela que define o modo como os homens se encontram no movimento produtivo do trabalho, o modo como estes se relacionam com a natureza, o modo como arrumam o arranjo do espaço do todo da infraestrutura. Por decorrência, são elas que regulam o *continuum* do desenvolvimento das forças produtivas, com as quais se comportam ora como aceleradores, ora como freios. É a forma da propriedade que assim determina o conteúdo social do todo das relações econômicas e compõe o elo de raiz que vincula a infra e a superestrutura, determinando por tabela com o seu conteúdo o próprio conteúdo da estrutura global da sociedade.

Vistos por certo ângulo, forças e relações de produção são e não são ao mesmo tempo coisas diferentes. As forças produtivas atuam através das relações de produção e as relações de produção atuam como potências das forças produtivas. A forma como as três componentes das forças produtivas se interligam espelha as formas existentes de relações de produção, e as relações de produção se ligam ao movimento econômico como verdadeiras forças produtivas. O exemplo mais claro de ausência de fronteira é a divisão territorial do trabalho e das trocas, que olhada de um ângulo é força produtiva, e olhada de outro é relação de produção. É sobretudo nessa interface que atua a forma da relação de propriedade, que se erige, assim, como a relação de determinação mais importante de uma sociedade, definindo para baixo e para dentro das forças produtivas e para cima e para dentro das relações societárias o caráter histórico de sociedade assim existente. E erige-se também, por isso mesmo, como o pomo de tensão que num nível põe frequentemente em conflito as forças produtivas e as relações de produção em seu *continuum* de desenvolvimento. E num outro, a infraestrutura e a superestrutura com que se organiza a sociedade no seu todo.

O arranjo espacial econômico expressa essa dinâmica de estrutura e conflito desde a base do processo do trabalho. E no duplo modo como a infraestrutura se combina. De um lado o espaço é força produtiva ao materializar em seu arranjo a força de trabalho, os objetos do trabalho e os meios do trabalho, reunindo num só domínio o quadro da

O DISCURSO DO AVESSO

primeira e da segunda natureza. De outro lado, é relação de produção ao materializar nos termos distributivos desse mesmo arranjo a regulação do *modus operandi* dessas forças de produção. É essa diversidade compósita que o faz ser ao mesmo tempo relação homem-meio (a força de trabalho humana e sua relação com os meios de produção da primeira e segunda natureza) e estrutura ordenadora de reprodução dessa relação homem-meio.

Estamos, entretanto, no espaço do capital. E é nesses termos que o todo funciona. Vejamos como isso se dá. A relação capitalista de propriedade separa em dois lados as forças produtivas. A força de trabalho, e somente ela, pertence ao operariado, e os meios de produção pertencem à burguesia. Para sobreviver, o operariado tem que vender sua força de trabalho (desaparece, precisamente aqui, a possibilidade da liberdade da necessidade para essa parcela dos homens), que a burguesia compra, pondo em suas mãos a propriedade integral das forças produtivas, orientando assim o processo do trabalho na direção da produção de mercadorias e a reprodução sistêmica da acumulação do capital. Toda a potencialidade da relação homem-meio aparece como potencialidade do capital. E o arranjo do espaço materializa e, nesse passo, organiza o todo da relação societária estruturada na combinação desigual.

O arranjo espacial econômico é, assim, a própria arquitetura da divisão territorial capitalista do trabalho e de trocas. É essa complexidade estrutural que um olhar atento visualiza no descortino da paisagem, arrumada num arranjo dividido em uma área urbana (espaço urbano) e uma área rural (espaço agrário), dentro ou nos limites do qual se localiza uma área industrial (espaço industrial) articulada a montante com as áreas de produção de matérias-primas, em que se incluem também as áreas mineiras (espaço mineiro), e a jusante com as áreas de consumo de seus produtos, o todo do território revelando na forma de círculos concêntricos a centralidade industrial. Podemos ir além e imaginar ser esse o arranjo espacial de uma unidade regional, ao lado da qual, nem sempre com as mesmas formas de composição e arranjo de paisagem, se põem outras tantas, o conjunto das regiões se distribuindo por um território mais e mais amplo cujo nível de domínio é o todo da escala do Estado nacional. Mais além ainda está o nível da escala mundial. Podemos ver integrando e constituindo a capilaridade desse arranjo global uma densa rede de circulação, com suas vias de transportes, comunicações e rede de transmissão de energia, cobrindo e alargando os pontos territoriais até o infinito da escala do mundo. E mais ainda imaginá-lo na metáfora de um tecido de múltiplas determinações do concreto em que a totalidade é uma espacialidade diferencial complexa.

É um todo que por razões estruturais óbvias não tem na fisionomia da paisagem a cara do processo relacional homem-meio do trabalho, mas do capital. Fisionomia que estampa: (1) as diferentes formas particulares do capital representadas na divisão social do trabalho e que na paisagem, como vimos, aparecem como espaço urbano, industrial, mineiro, agrário, terciário, financeiro etc.; (2) os diferentes níveis da taxa de composição orgânica do capital e que na paisagem aparecem como desenvolvimento

PARA O AVESSO DO AVESSO

espacial desigual, como os desequilíbrios regionais e entre a cidade e o campo; e (3) as diferentes formas de contra-arrestação à lei tendencial de declínio da taxa de lucros e que na paisagem aparecem como desigual repartição territorial da população e dos equipamentos concentrados nas áreas de megaurbanização.

Mas essa é uma fisionomia que atesta que o espaço capitalista é um espaço de relações (relações intra e intercapitais, relações capital-trabalho, relações intra e intertrabalho) e regulações regidas pela lei da combinação desigual. Relações e regulações que são o lado invisível que dá o sentido que o lado visível da paisagem tem. E que, sob a linguagem de eufemismos, como bairros pobres e bairros ricos, quando os bairros são de pobres e de ricos, sempre revela nos seus objetos o caráter estrutural de desigualdades que socialmente as define.

Ao lado e entrecruzado com o arranjo econômico temos os objetos do arranjo espacial superestrutural, com suas relações voltadas para disciplinarizar e naturalizar as tensões do arranjo espacial econômico. Surgida para o fim de reger as contradições da instância infraestrutural, a instância superestrutural mobiliza cada vez mais o arranjo espacial como via de cumprimento dessa função de superar e ordenar tensões. Nesse mister, o arranjo espacial superestrutural comporta diferentes níveis e nuanças de relações, distinguindo-se o nível jurídico-político (nível das leis e do Estado), o ideológico (nível da naturalização do sistema do capitalismo) e o da cultura (nível do simbólico).

O arranjo jurídico-político é a expressão das relações regulatórias das leis jurídicas e do Estado, e das que a elas se contrapõem como contraespaço dos dominados. Seus objetos espaciais (o tribunal, a sede do governo, o parlamento, o quartel) coabitam o espaço dos objetos do arranjo espacial econômico, localizando-se lado a lado da fábrica, da loja, da estrada, da fazenda, numa aparente dissociabilidade de funções, mas basta que os conflitos do âmbito econômico explodam para vermos intervir a lógica eminentemente geopolítica da sua distribuição territorial. Dizia-se na Pérsia antiga, dos tempos de Dario I, uma formação econômico-social tributária, que os "sátrapas são os olhos e os ouvidos do rei", numa revelação do vínculo do arranjo espacial administrativo baseado em satrapias com o exercício de poder do Estado, de como o arranjo espacial jurídico-político é moldado à imagem e semelhança desse poder. A conquista de um território, feita geralmente por invasão e anexação militar, tinha por finalidade a instituição da cobrança de tributos. Difícil era então dissociar-se a função econômica e a função militar dos meios de circulação, servindo uma estrada tanto para um propósito como para outro. O que se acumula é riqueza em espécie, extraída por meio dos tributos, e não do capital. Motivo por que, a par de organizar a cobrança e a regularidade do fluxo dos tributos, o arranjo espacial da circulação se destinava a ordenar o exercício da dominação militar e, assim, a perpetuidade do império. No Império Persa a fórmula encontrada foi a criação de uma malha político-administrativa voltada para marcar a onipresença, onipotência e onisciência do Estado imperial e padronizar em regras uni-

O DISCURSO DO AVESSO

formizadas a prestação da obediência aos ditames desse Estado, de modo a que da ação dominadora não escapasse uma pedra ou pessoa. O arranjo espacial imperial consistia numa distribuição estratégica das satrapias e sátrapas (governadores), organismos da ação militar, pontos de cobrança de tributos, correio a cavalo ("os olhos e os ouvidos do rei"), agenciadores de informações (vimos o papel que o saber geográfico cumpre nessa época de fonte básica de inventariação-catalogação de dados para uso do Estado), em suma, aparelhos do Estado que dispostos ao longo das estradas longas e permanentes (a grande novidade da época) fazem do império uma sólida unidade espacial.

Já o arranjo espacial ideológico-cultural é a expressão de sociedades em que os meios simbólicos de gestão são mais apurados, conferindo à instância da ideologia e da cultura um papel cada vez mais proeminente. É o caso das sociedades capitalistas modernas, nas quais a organização espacial infraestrutural é mais fortemente penetrada pelas regras e normas da superestrutura. A hegemonia se dá desde a instância econômica, e a tensão que já aí se instala pede uma mobilização mais intensa das relações da instância superestrutural, levando os objetos ideológico-culturais a aparecer tão multiplicados na paisagem quanto os econômicos da infraestrutura. A megaurbanização para a qual caminha o arranjo do espaço, numa concentração de homens e riqueza que divorcia o homem e o meio e faz a lei do desenvolvimento desigual assumir sua face mais plena, alarga esse quadro, generalizando as tensões para o todo do espaço da formação social. Daí o arranjo ideológico-cultural igualmente generalizar a leitura do mundo por meio de uma escala de verticalidade local-regional-nacional-universal cujo resultado é a mentalização da sua organização como um sistema natural de ordenação disciplinar hierárquica, a exemplo da sequência filho-família-estado-cosmos de que deriva a noção hierárquica de indivíduo-pai-presidente-deus; trabalhador-empresa-estado-mundo de que deriva a hierarquia empregado-patrão-governo-deus; e município-estado-união de que deriva a hierarquia prefeito-governador-presidente. É onde o arranjo espacial ideológico-cultural sacramenta ideias como as do nacionalismo e do patriotismo, construídas seja na forma da rede escalar bairro-região-nação, expressas na ideologia do bairrismo-regionalismo-nacionalismo, seja na forma da divisão topológica do mundo em "nosso país" e "país estrangeiro", expressas na ideologia de "nosso semelhante" e "pessoas estranhas", cuja consequência é a compartimentação da humanidade em guetos espaciais e a sua predisposição aos atos de guerra. É nesse jogo de linguagem simbólica que a paisagem, costumeiramente vista na leitura sensória como ordem naturalmente neutra das coisas, mostra-se um elo de construção da ordem dominante. E o veículo corrente quanto mais o espaço se megaurbaniza é a própria estética urbana. Áreas urbanas inteiras são construídas sob o lema de bairros-jardins, quando o divórcio homem-natureza mais foi acentuado. Mas nada se compara à monumentalidade dos prédios construídos para abrigar os órgãos do Estado, destacado do alto das dezenas de andares de concreto revestido de aço e vidro fumê como o ápice da contemplação da vida.

UM CONTRAPONTO DE LEITURA

A leitura fragmentária parte da tradição que organiza a estrutura discursiva no entendimento de que a paisagem exprime a ordenação da relação homem-meio por meio dos arranjos do espaço, que vemos a seguir:

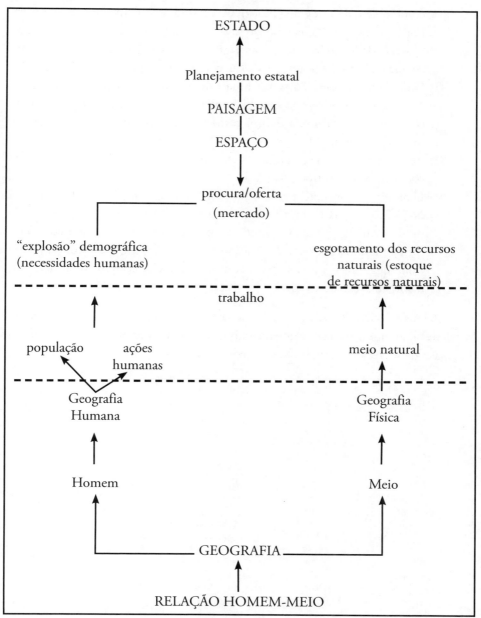

1) A Geografia é a ciência que estuda (1) a relação homem-meio e/ou (2) a organização do espaço pelo homem.

2) A noção de relação é, entretanto, abandonada desde o começo em face do tratamento em paralelo, separado e distinto, que desde a base dá às categorias do homem (é visto como objeto da Geografia Humana) e da natureza (é vista como objeto da Geografia Física); e o mesmo se dá com a noção de espaço.

3) Por isso, todas as demais categorias, a exemplo da categoria trabalho, irão aparecendo no passo do andamento da construção do raciocínio como coelhos saindo magicamente da cartola, por mero passe de prestidigitação.

4) Como na verdade não se faz uma orientação pela noção da relação ou de organização do espaço pelo homem, nunca se está a rigor perante o desenvolvimento seja de um raciocínio de relação ambiental, seja de organização espacial.

5) Ao contrário, o que se ergue é a construção de um edifício em cacos de padrão em blocos tipo N-H-E.

6) Uma lógica conceptiva acaba, portanto, por se explicitar nessa estrutura N-H-E, e isso começa a ficar transparente: (1) no meio do processo de montagem do discurso, quando a relação homem-meio aparece sob a forma malthusiana pura da relação necessidades *versus* recursos; ou (2) no final, quando o esquema fecha com o Estado aparecendo como o sujeito da organização do espaço.

Ao longo do livro foi se oferecendo, a partir da mesma base dos clássicos, outra forma de olhar, que arruma os elementos noutro formato, tomando o real-estrutural do espaço da sociedade capitalista moderna como referência:

PARA O AVESSO DO AVESSO

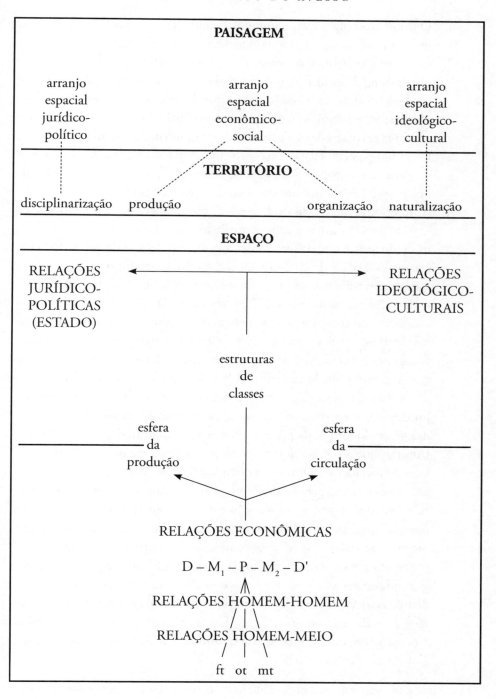

O DISCURSO DO AVESSO

1) O primeiro contato com o mundo circundante nos é dado pela paisagem, que é o nível do aqui-agora da experiência sensível cotidiana.

2) A observação atenta das formas mostra que a paisagem é uma coleção de objetos singulares dispostos numa dada extensão, na qual cada um ocupa um lugar distinto, essa localização formando uma distribuição em que cada objeto se separa do outro segundo uma dada distância ao tempo que o todo se combina em níveis de escala que faz do conjunto um só arranjo paisagístico.

3) O arranjo explicita a paisagem como um sistema de relações, uma coabitação de objetos, no qual o lugar ocupado constitui o domínio corporal de cada objeto, seu âmbito demarcado, e assim o seu território.

4) A observação atenta do caráter dessas relações leva ao conteúdo que dá sentido a cada forma, o caráter qualitativo que faz dos objetos singulares um todo articulado, e assim à estrutura que faz do arranjo paisagístico um arranjo espacial, e do conjunto da coabitação o todo do espaço.

5) A explicitação das formas espaciais, como a escola, a igreja, o cinema, o fórum, o quartel, a prefeitura, a delegacia, a fábrica, a loja, a fazenda, a estrada, pelo caráter do seu conteúdo, revela a essência da estrutura real que se oculta na aparência do arranjo espacial, e leva o espaço a se transfigurar na sociedade.

6) É assim que das formas do arranjo brotam as relações ideológicas e culturais (o arranjo ideológico-cultural ilustrado na localização e distribuição do cinema, da igreja, da escola) e as relações jurídicas e políticas (o arranjo jurídico-político ilustrado na localização e distribuição do quartel, da delegacia, do fórum, da prefeitura), isto é, o conjunto das relações infraestruturais que por meio dos seus arranjos espaciais efetuam a naturalização (relação ideológico-cultural) e a disciplinarização (relação jurídico-política) das tensões sociais geradas desde a base das relações econômicas (o arranjo econômico ilustrado na localização e distribuição da fábrica, da loja e da fazenda), com sua função de produção (esfera das relações de produção) e organização (esfera das relações de mercado) do espaço construído.

7) É quando a essência mais profunda da sociedade assim espacialmente organizada aparece com toda a transparência de uma relação homem-meio definida como processo de trabalho produtor de mais-valia em face do caráter capitalista da propriedade das forças produtivas, e, então, do homem separado da natureza, alienado no trabalho e, por conseguinte, na estrutura global das relações espaciais.

Lendo o mesmo esquema no sentido inverso do mergulho, indo agora da essência mais recôndita para a aparência mais epidérmica da paisagem, no movimento de dupla via de ida e vinda que o dialetiza, o esquema completo mostraria:

PARA O AVESSO DO AVESSO

1) O ponto de partida é a categoria trabalho: o processo que articula as forças produtivas (ft = força de trabalho, ot = objeto do trabalho e mt = meio do trabalho) com as relações de produção em sua unidade de transformação da natureza circundante em meios de subsistência.

2) A forma dessa articulação é a que separa no plano da propriedade a ft (a força física e intelectual de trabalho humano) e os mp (objetos e meios de trabalho reunidos na unidade dos meios de produção) para depois juntá-las ao nível do mercado (onde a burguesia compra do operariado sua força de trabalho e os meios de produção, adquirindo, assim, o mando integralidade das forças produtivas).

3) Essa relação de propriedade passada na relação homem-homem determina o caráter da relação homem-meio, fazendo com que a alienação recíproca do homem e da natureza assim surgida se estabeleça como a base da construção espacial da sociedade.

4) Da separação da propriedade das forças produtivas em duas bandas vem a divisão da população em estratos sociais opostos, criando a estrutura de base que daí extrapola para se tornar o conteúdo de todo o conjunto das relações da totalidade social.

5) O *modus operandi* do todo espacial a partir da base é sua arrumação num arranjo que separa e combina as relações econômicas em duas esferas: a esfera da produção e a esfera da circulação.

6) E o eixo reitor de sua movimentação é o processo de acumulação de capital que combina no âmbito global do arranjo do espaço as esferas da produção e da circulação na unidade da relação D-M_1-P-M_2-D' (em que: D = capital dinheiro; M_1 = mercadorias força de trabalho, meios e objetos de trabalho; P = processo da transformação dessas mercadorias em novo produto; M_2 = o novo produto posto à venda como mercadoria; D' = o capital dinheiro retornado ampliado com o acréscimo do lucro).

7) A tensão aí formada puxa para a infraestrutura da base econômica as relações extraeconômicas da superestrutura formada pelas relações jurídico-políticas e as relações ideológico-culturais com a função de ordenar e controlar os conflitos daí advindos.

8) Assim se forma a coabitação da diversidade de relações na unidade do espaço globalmente constituído, onde a fronteira do conteúdo invisível das relações super e infraestruturais ganha a forma visível da paisagem através dos objetos e do lugar territorial que eles ocupam.

9) A totalidade da localização e distribuição das formas objetuais configura o espaço primeiramente como território, o plano onde sobressaem as funções de disciplinarização (relações jurídico-políticas) e naturalização (relações

ideológico-culturais) das tensões sociais nascidas do caráter classista do processo da produção (relações da esfera da produção) e da organização (esfera das relações de circulação) do espaço capitalista.

10) E a sobreposição das formas objetuais o configura a seguir como paisagem, o plano de conjunto dos arranjos espaciais.

11) A compreensão geográfica da sociedade assim aparece através da visualidade material da paisagem, esta do entrecortado de domínio do território e seu todo da estrutura global sob essa forma constituída do espaço.

Tem-se, assim, um complexo de mediações que vai da relação visível da paisagem à relação ainda visível dos domínios de território, e daí à mais oculta da relação do homem e da natureza, e assim dele consigo mesmo, da relação estrutural do espaço por cujo meio toda sociedade se organiza como forma concreta de existência na história. A Geografia vai assim se definindo como saber e ciência no e através do significado dessas apreensões.

BIBLIOGRAFIA

AB'SÁBER, Azis Nacib. *Os domínios de natureza no Brasil:* potencialidades paisagísticas. Cotia: Ateliê, 2003.

_____. *Paisagens de exceção:* o litoral e o pantanal mato-grossense, patrimônios básicos. Cotia: Ateliê, 2006.

ABREU, Maurício de Almeida. *Evolução urbana do Rio de Janeiro.* Rio de Janeiro: Iplan/Rio, 1997.

ADAS, Melhem. *Geografia:* noções básicas. 5. ed. São Paulo: Moderna, 2006a.

_____. *Geografia:* o mundo subdesenvolvido. 5. ed. São Paulo: Moderna, 8º e 9º ano, 2006b.

AZEVEDO, Aroldo. *O mundo em que vivemos.* São Paulo: Companhia Editora Nacional, v. I, 1963.

_____ et al. *A cidade de São Paulo.* São Paulo: Companhia Editora Nacional, 1958.

AZEVEDO, Guiomar Goulart de. *Geografia:* o espaço e os homens, o espaço brasileiro. São Paulo: Moderna, 1996.

BELTRAME, Zoraide Victorello. *Geografia ativa:* investigando o ambiente do homem/o espaço mundial, contrastes e mudanças. 48, 29 e 25 ed. São Paulo: Ática, 1998, v. 1, 3 e 4.

BOLIGIAN, Levon; ALVES, Andressa. *Geografia:* espaço e vivência. 3. ed. São Paulo: Atual, 8º e 9º anos, 2009.

_____. *Geografia:* espaço e vivência. São Paulo: Saraiva, 2010.

BRUNHES, Jean. *Geografia humana.* Edição abreviada. Rio de Janeiro: Fundo de Cultura, 1962.

CAPEL, Horacio. *Filosofía y ciencia en la geografía contemporánea.* Barcelona: Editorial Barcanova, 1983.

CARVALHO, Marcos Bernardino; PEREIRA, Diamantino Alves. *Geografias do mundo:* fundamentos. São Paulo: FTD, 2006a.

_____. *Geografias do mundo:* redes e fluxos. São Paulo: FTD, 8º ano, 2006b.

CLAVAL, Paul. *Evolución de la geografía humana.* Barcelona: Oik-Tao, 1974.

DE MARTONNE, Emmanuel. *Tratado de geografía física.* Lisboa: Cosmos, 1953.

DERRUAU, Max. *Geografia humana.* Lisboa/São Paulo: Editorial Presença/Livraria Martins Fontes, 1973, 2 volumes.

O DISCURSO DO AVESSO

DOTTORI, Cloves; RUA, João; RIBEIRO, Luiz Antonio de Moraes. *Geografia*. Rio de Janeiro: Francisco Alves, 1ª série/2º Grau, 1977.

GARCIA, Valquíria Pires; BELUCCI, Beluce. *Geografia e cidadania*. 2. ed. São Paulo: Scipione, 8º e 9º anos, 2009.

GEORGE, Pierre. *Geografia da população*. São Paulo: Difel, 1973.

_____. *Os métodos da geografia*. São Paulo: Difel, 1978.

HARVEY, David. *A justiça social e a cidade*. São Paulo: Hucitec, 1980.

LUCCI, Elian Alabi; BRANCO, Lazaro Anselmo; MENDONÇA, Cláudio. *Geografia geral e do Brasil*. São Paulo: Saraiva, 2003.

_____. *Geografia:* homem e espaço. 23. ed. São Paulo: Saraiva, 8º e 9º anos, 2010.

KRAJEWSKI, Angela Corrêa; GUIMARÃES, Raul Borges; RIBEIRO, Wagner Costa. *Geografia:* pesquisa e ação. São Paulo: Moderna, 2000.

LACOSTE, Yves. *A geografia:* isso serve, em primeiro lugar, para fazer a guerra. São Paulo: Papirus, 1988.

MAGNOLI, Demétrio; SCALZARETTO, Reinaldo. *A nova geografia:* a sociedade e a natureza/desenvolvimento e subdesenvolvimento. 12. ed. São Paulo: Moderna, 1993, v. 3 e 4.

MARX, Karl; ENGELS, F. *A ideologia alemã*. São Paulo: Martins Fontes, 1998.

MOREIRA, Igor. *O espaço geográfico:* geografia geral e do Brasil. 47. ed. São Paulo: Ática, 2004.

MOREIRA, João Carlos; SENE, Eustáquio. *Geografia:* geografia geral e do Brasil. São Paulo: Scipione, 2003.

MOREIRA, Ruy. *Para onde vai o pensamento geográfico?* São Paulo: Contexto, 2006.

_____. A renovação da geografia brasileira no período 1978-1988. In: _____. *Pensar e ser em geografia.* São Paulo: Contexto, 2007.

_____. *O pensamento geográfico brasileiro:* as matrizes clássicas originárias. São Paulo: Contexto, 2008, v. 1.

_____. *O que é geografia.* 2. ed. São Paulo: Brasiliense, 2009a (1. ed. 1985).

_____. *O pensamento geográfico brasileiro:* as matrizes da renovação. São Paulo: Contexto, 2009b, v. 2.

_____. *O pensamento geográfico brasileiro:* as matrizes brasileiras. São Paulo: Contexto, 2010, v. 3.

_____. *Sociedade e espaço geográfico no Brasil.* São Paulo: Contexto, 2011.

_____. A totalidade homem-meio. In: _____. *Geografia e práxis:* a presença do espaço na teoria e na prática geográficas. São Paulo: Contexto, 2012a.

_____. O problema do paradigma geográfico da geografia. In: _____. *Geografia e práxis:* a presença do espaço na teoria e na prática geográficas. São Paulo: Contexto, 2012b.

NAKATA, Hirome; COELHO, Marcos de Amorim. *Geografia geral.* 2. ed. São Paulo: Moderna, 1986.

OLIVEIRA, Francisco de. *A economia da dependência perfeita.* Rio de Janeiro: Paz e Terra, 1977.

PEREIRA, Diamantino Alves; SANTOS, Douglas; CARVALHO, Marcos. *Geografia, ciência do espaço:* o espaço mundial. 2. ed. São Paulo: Atual, 1988.

RECLUS, Elisée. *El hombre y la tierra.* Barcelona: Maucci, s/d. 6 volumes.

ROUGERIE, G. *Geografia das paisagens.* São Paulo: Difel, 1971.

SANTOS, Douglas. *Geografia das redes:* o mundo e seus lugares. São Paulo: Editora do Brasil, 2010.

SANJAUME, Maria Sala; VILLANUEVA, Ramon J. Batalla. *Teoria y métodos em geografía física.* Madrid: Editorial Síntesis, 1999.

SCARLATO, Francisco Capuano; FURLAN, Sueli Angelo. *Geografia em verso e reverso:* pensando a geografia. São Paulo: Companhia Editora Nacional, s/d.

SENE, Eustáquio; MOREIRA, João Carlos. *Geografia e globalização.* São Paulo: Scipione, 8º e 9º anos, 2009.

SMITH, Neil. *Desenvolvimento desigual:* natureza, capital e produção de espaço. São Paulo: Bertrand Brasil, 1988.

SODRÉ, Nelson Werneck. *Introdução à geografia:* geografia e ideologia. Rio de Janeiro: Vozes, 1976.

SORRE, Max. *El hombre em la tierra.* Madrid: Editorial Labor, 1961.

TERRA, Lygia; ARAUJO, Regina; GUIMARÃES, Raul Borges. *Conexões:* estudos de geografia geral. São Paulo: Moderna, 2009.

BIBLIOGRAFIA

TATHAM, George. A geografia do século dezenove. *Boletim Geográfico,* n. 150, ano XVII, 1959.

TRICART, Jean. *Ecodinâmica.* Rio de Janeiro: IBGE/Supren, 1977.

_____. *Terra, planeta vivo.* Lisboa: Editorial Presença, 1978.

VESENTINI, J. William; VLACH, Vânia. *Geografia crítica:* o espaço natural e a ação humana. 2. ed. São Paulo: Ática, 2004.

VIDAL DE LA BLACHE, Paul. *Princípios de geografia humana.* Lisboa: Cosmos, 1954.

O AUTOR

Ruy Moreira é professor do quadro permanente dos programas de pós-graduação em Geografia da Universidade Federal Fluminense (UFF) (mestrado e doutorado), da Faculdade de Formação de Professores-Universidade do Estado do Rio de Janeiro (FFP-UERJ) (mestrado) e professor visitante do curso de graduação da FFP-UERJ. Dedica-se a pesquisas no campo da teoria-epistemologia geográfica e da organização espacial da sociedade brasileira, objetivando combinar a teoria e o olhar próprios que leve a Geografia e o geógrafo a partir do seu campo a juntar-se aos demais saberes na tarefa permanente de dissecar o real estrutural do Brasil e do mundo. É mestre em Geografia pela Universidade Federal do Rio de Janeiro (UFRJ) e doutor em Geografia Humana pela Universidade de São Paulo (USP). Autor de diversos artigos e livros na área, publicou pela Editora Contexto *Para onde vai o pensamento geográfico?*, *Pensar e ser em geografia*, *O pensamento geográfico brasileiro vol. 1 – as matrizes clássicas originais*, *O pensamento geográfico brasileiro vol. 2 – as matrizes da renovação*, *O pensamento geográfico brasileiro vol. 3 – as matrizes brasileiras* e *Sociedade e espaço geográfico no Brasil*.

CURTA NOSSA PÁGINA NO

Participe de sorteios, promoções, concursos culturais
e fique sabendo de todas as nossas novidades.

www.editoracontexto.com.br/redes

HISTÓRIA • LÍNGUA PORTUGUESA • GEOGRAFIA • EDUCAÇÃO • MEIO AMBIENTE • JORNALISMO • INTERESSE GERAL
FORMAÇÃO DE PROFESSORES • SOCIOLOGIA • FUTEBOL • GUERRA - MILITARIA • ECONOMIA • TURISMO

 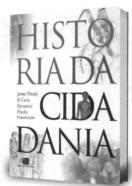  

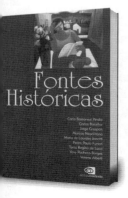

Cadastre-se no site da Contexto
e fique por dentro dos nossos
lançamentos e eventos.

www.editoracontexto.com.br

GRÁFICA PAYM
Tel. (11) 4392-3344
paym@terra.com.br